U0370445

Illustrated of

Coastal Sand Medicinal Plants

in Fujian Province

福建滨海沙生药用植物图鉴

刘小芬　林　羽　徐　伟◎主编

海峡出版发行集团 | 福建科学技术出版社
THE STRAITS PUBLISHING & DISTRIBUTING GROUP | FUJIAN SCIENCE & TECHNOLOGY PUBLISHING HOUSE

图书在版编目（CIP）数据

福建滨海沙生药用植物图鉴 / 刘小芬，林羽，徐伟主编. — 福州：福建科学技术出版社，2020.12
ISBN 978-7-5335-6247-2

Ⅰ. ①福… Ⅱ. ①刘… ②林… ③徐… Ⅲ. ①沙生植物 - 药用植物 - 福建 - 图谱 Ⅳ. ①S567-64

中国版本图书馆CIP数据核字（2020）第194226号

书　　名	**福建滨海沙生药用植物图鉴**
主　　编	刘小芬　林羽　徐伟
出版发行	福建科学技术出版社
社　　址	福州市东水路76号（邮编350001）
网　　址	www.fjstp.com
经　　销	福建新华发行（集团）有限责任公司
印　　刷	中华商务联合印刷（广东）有限公司
开　　本	889毫米×1194毫米　1/16
印　　张	15.25
插　　页	4
字　　数	353千字
版　　次	2020年12月第1版
印　　次	2020年12月第1次印刷
书　　号	ISBN 978-7-5335-6247-2
定　　价	158.00元

书中如有印装质量问题，可直接向本社调换

福建省中药资源普查成果系列丛书

学术指导委员会

编委会

前言

PREFACE

一千八百年前，曹操“东临碣石，以观沧海”，看到“水何澹澹，山岛竦峙。树木丛生，百草丰茂”，发出“日月之行，若出其中。星汉灿烂，若出其里”的感叹。我国幅员辽阔，海域无垠，滨海亦是“树木丛生，百草丰茂”，蕴藏着丰富的植物资源与天然植物药资源。

福建地处中国东南部，属华东地区、东南沿海地区。全省陆域面积 124000km^2，素有“八山一水一分田”的称誉；而全省海域面积 136000km^2，海岸线曲折率全国第一，陆地海岸线长 3752km，居全国第二，或可称为“八山一水一分田，十分海”而不为过。福建滨海以海岸侵蚀地貌为主，堆积性海岸为次，其中砂质海岸约占 18%。港湾众多，自北向南有沙埕港、三都澳、罗源湾、湄洲湾、厦门港和东山湾等六大深水港湾。岛屿星罗棋布，有岛屿 1500 个以上，平潭岛、东山岛、南日岛为全省三大岛。

福建省滨海从南至北包括漳州市（诏安县、东山县、云霄县、漳浦县、龙海市）、厦门市（思明区、湖里区、海沧区、集美区、翔安区、同安区）、泉州市（南安市、晋江市、石狮市、丰泽区、洛江区、惠安县、泉港区、金门县）、莆田市（仙游县、秀屿区、城厢区、荔城区、涵江区）、福州市（福清市、平潭综合实验区、长乐市、马尾区、连江县、罗源县）、宁德市（蕉城区、福安市、霞浦县、福鼎市）6 个地级市 34 个县（市、区）。滨海沙生植被主要分布自闽江口以南长乐区，南至东山－诏安铁炉港，与广东的滨海沙生植被相连。

至 2019 年，福建省第四次中药资源普查已全面开展。滨海 34 个县（市、区）独特的砂质海岸生境，沙生植被的分布、资源与药用植物现状，在第四次全国中药资源普查中独具特色。这次普查是利用本土乡野植物为我国绿色海岸线建设服务的一个良好契机。本书作者为第四次全国中药资源普查福建省中药资源普查的负责人与骨干成员，始终关注福建省滨海特色中药资源分布、保护与合理开发。

本书分为总论与各论两大部分，总论简要小结近年来福建省沙生药用植物资源的研究现状，根据实地考察与文献梳理，展开讨论福建省分布的国家二级重点保护沙生植物，沙生药用植物中外来入侵物种的分布与现状，沙生药用植物的综合价值量化评价方法、因子筛选与量化赋值体系，为福建省海岸线绿化建设中群落设置、物种选择提供参考数据。各论在专性沙生药用植物与兼性沙生药用植物的分类型基础上，对 136 种沙生药用植物的自然分类归属、简要植物形态、生境分布、传统用药、现代研究及其可期应用进行说明，附以笔者多年滨海实地考察之药用植物图片，多方位、多角度呈现物种形态与生境。另附录以图录形式展现暂查无药用记载且暂无现代药用研究的沙生植物 24 科 39 种。

因作者水平有限，书中瑕误难免，敬请指正。

编写说明

INTRODUCTION

本书以第四次全国中药资源普查福建省中药资源普查成果为基础，结合多年实地考察与文献数据整理，收载福建滨海沙生药用植物52科136种，根据其生境属性，将其分为专性沙生药用植物（35科64种）、兼性沙生药用植物（33科72种）两类。书中包括有传统药用记载，或虽无传统药用记载、但经现代研究明确具有药用价值的药用植物，前者131种，后者5种。各论部分重点介绍每种沙生药用植物的中文名、别名、拉丁学名、科属、植物识别、生境分布、传统用药、现代研究、应用推介、附注等内容。同时，每种沙生药用植物均附有精美的原色大图，主要囊括生境、整体植株、花（果）枝条等具有鉴别意义的特征图。

1. 中文名：以 iPlant.cn 植物智——中国植物物种信息系统的中文名为依据。

2. 别名：记载地方俗名 1~3 个。

3. 拉丁学名：采用 iPlant.cn 植物智——中国植物物种信息系统的拉丁学名，现世界范围内接受的拉丁学名。

4. 科属：采用 APG-V 分类系统，列出其科名和属名。

5. 植物识别：列出主要识别特征，以便于快速识别。

6. 生境分布：介绍每种沙生药用植物的一般生境，福建省特殊生境亦一并列出。同时，简要介绍其在福建省内的分布情况，分布最小单位为县级行政区。

7. 传统功效：主要以《中华人民共和国药典》（2020年版）、《中华本草》、《中国中药资源志要》等为参考依据，主要介绍每种沙生药用植物的入药部位、性味、功效、主治等内容。

8．现代研究：通过梳理近十年来每种沙生药用植物的化学成分、药理方面的研究成果，总结概括其活性成分与药理作用。

9．应用推介：从生态价值、观赏价值、经济价值等方面对每种沙生药用植物的应用前景进行推介，并列出综合价值量化得分。

10．附注：主要介绍其他需要说明的内容。

①部分物种在《中国植物志》《福建植物志》中记载的中文名、拉丁学名及科属与正文存在不一致的内容，对其进行说明。

②介绍易混淆植物的鉴别特征。

③如为国家级或省级等重点保护野生植物或药材，对其进行说明。

目录

CONTENTS

总论 1

各论 15

一、专性沙生药用植物 / 16

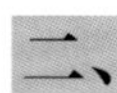

总 论
ZONG
LUN

一、福建省滨海沙生药用植物资源概况

福建省位于我国东南沿海，台湾海峡西岸，大陆海岸线总长 3051km，有砂质海岸、基岩海岸、滩涂海岸 3 大类型。其中砂质海岸与海滩约 565km，占 18.5%。砂质海岸是指由沙滩组成、地表覆盖的松散沉积物是“砂粒”的海岸类型，动力上以波浪作用为主。“砂”是粒直径大小为 0.02~2mm 的颗粒，还可进一步细分为粗砂、中砂、细砂，一般通称为沙。福建省砂质海岸与海滩约 565km，约占全省海岸线的 18.5%。

自然生长于砂质海岸上的植物群落，称为沙生植被，生长基质为砂质土壤或纯沙粒。沙生植被一般具有根系粗大且发达、匍蔓性较强、抗风、耐旱、耐盐等特点，有些植物具有特殊的泌盐结构，如珊瑚菜 *Glehnia littoralis* Fr. Schmidt ex Miq. 叶片上具有泌盐腺毛。海岸沙生植被是海岸线的天然屏障，具有防风固沙、阻挡海风海雾及保持水土等生态功能，可显著改善环境条件，有效抗御台风等灾害，具有重要的生态意义。福建省滨海沙生植被主要分布于闽江口以南的沿海地区、海岛及长乐至东山沿海岸段，最南端经诏安的铁炉港滨海与广东的海岸沙生植被相连，大致可分为沙生草本群落、沙生灌木群落和沙生乔木群落 3 种类型，生长于高潮带上缘沙滩至防护林区沙地。

海岸沙生植被中，有一部分植物其自然生境即为砂质海岸，在内陆地区无自然分布，称之为专性沙生植物，或天然沙生植物。以此描述为依据，《福建植物志》及近年来新发现分布的、自然生境为沙生或砂质土的沙生植物资源有 98 种；本书收载了其中具有药用价值的 64 种。另一部分植物其自然生境并未记录为砂质海岸，但当其种子落于砂质海岸上仍可正常生长、繁育的，称之为兼性沙生植物。根据观察，这部分植物在砂质海岸生长时，与内陆生境生长植株相比，其植株高矮、叶片厚度、毛被疏密、花序长短等常发生一定的变化，表现出抗风沙、抗旱的生活型适应；本书收载了实地考察到的、其中具有药用价值的 72 种。

专性沙生植物与兼性沙生植物，均具有很强的抗旱、抗盐、耐盐能力。专性沙生植物的抗旱、抗盐、耐盐机理，是植物生物学研究的重要内容；兼性沙生植物在逆境条件下所表现出来的抗逆性表达，也值得进一步的深入研究。

根据文献报道，近十数年来，对福建省专性沙生药用植物的科学研究主要存在2个方面的问题，一是涉及的物种较少，仅占10%左右；二是涉及的研究内容较为基础，主要是活性成分的含量分析与药理活性研究等，如单叶蔓荆 *Vitex rotundifolia* Linnaeus f. 果实的挥发油含量分析、蒺藜 *Ttribulus terrester* L. 的蒺藜皂苷元含量分析、滨海前胡 *Peucedanum japonicum* Thunberg 的总香豆素含量分析、南方碱蓬 *Suaeda australis* (R. Brown) Moquin-Tandon 的总黄酮含量分析、海边月见草 *Oenothera drummondii* Hook. 种子油不饱和脂肪酸含量与抗氧化活性研究、补血草 *Limonium sinense* (Girard) Kuntze 的多酚提取物各成分含量与抗氧化活性研究、珊瑚菜 *Glehnia littoralis* Fr. Schmidt ex Miq. 的样方调查与香豆素含量分析等。福建省专性沙生药用植物资源种类较为丰富，有望开拓更多的可利用品种，在分子机制、临床应用、经济应用等方面应进行更深一步的探讨与研究。

二、福建省分布的国家重点保护沙生药用植物

由国务院正式颁布的《国家重点保护野生植物名录（第一批）》（1999 年 8 月 4 日）中，有 4 种沙生植物分布于福建省滨海砂质海岸，包括禾本科 Poaceae 结缕草属 *Zoysia* 中华结缕草 *Zoysia sinica* Hance、豆科 Fabaceae 大豆属 *Glycine* 烟豆 *Glycine tabacina* Benth. 和短绒野大豆 *Glycine tomentella* Hayata、伞形科 Apiaceae 珊瑚菜属 *Glehnia* 珊瑚菜 *Glehnia littoralis* Fr. Schmidt ex Miq.，均为国家二级重点保护野生植物，后三者为药用植物，其在福建省滨海砂质海岸上有零散小片分布。

1. 烟豆与短绒野大豆

烟豆

短绒野大豆

烟豆与短绒野大豆常统称为野生大豆。烟豆未见收载于《福建植物志》（第三卷豆科，1986 年），但《中国植物志》（豆科，1998 年）记载见于福建（湄洲岛、东山岛），实地考察其在福建省沿海县（市、区）的沙滩、沙岸、路边草丛或荒地均可见分布。二者在主要本草典籍中暂未见药用记载，但却是金门特色草药“金门一条根”的主要基原植物，具有祛风湿、壮筋骨、益脾肾的功效，用于风湿骨痛、气虚足肿、腰膝酸软等。

烟豆在福建省内从南往北分布于漳州（东山、漳浦）、泉州（惠安、晋江）、莆田（秀屿）、福州（长乐、平潭）的沙滩、沙岸、砂质地草丛等地。实地考察分布地发现，烟豆在福建省沿海县（市、区）的分布较为广泛。短绒野大豆福建省内分布较为局限，分布于漳州（东山、云霄）、厦门（同安）、泉州（惠安、晋江）的沙岸、砂质地草丛等。

烟豆与短绒野大豆在国内外主要的研究方向为遗传学、基因组学。目前我国大豆属植物有记载分布的为 6 种 2 变种 1 变型，野生大豆属植物对于栽培大豆的基因改良、抗病性等具有重要的基因组学价值。

2. 珊瑚菜

珊瑚菜又名北沙参、海沙参、银沙参、辽沙参。其根入药为北沙参，以山东莱阳为道地，称“莱阳参”。珊瑚菜是国家二级重点保护野生植物(国务院 1999 年 8 月 4 日批准)，列入《中国珍稀濒危植物名录》CR 级（极危），是福建省级重点保护野生药材资源（1990 年 3 月，福建省人民政府颁发的《福建省野生药材资源保护管理实施细则》）。同时，珊瑚菜栽培的根、嫩叶均可食用，经济价值较大。

珊瑚菜生于平坦的沿海沙滩中，喜温暖湿润，能抗寒，耐干旱；抗碱性强，是盐碱土的指示植物。其主根深入沙层，与香附、单叶蔓荆、肾叶打碗花、厚藤等其他滨海植物混生，形成海滨植被群落，具备优良的海岸固沙、改良盐碱土的生态意义。

野生珊瑚菜的沙生狭阈生境强烈制约其自然分布，加之沿海沙滩经济建设中强烈的人为破坏，急剧地导致珊瑚菜种群的消失。河北、江苏、浙江等沿海省市野生珊瑚菜种群近数十年来已所剩无几，保护却鲜见成效。

福建省作为我国东南沿海具有优良砂质海岸的一个重要

珊瑚菜

珊瑚菜生境（龙海市）

珊瑚菜生境（平潭综合实验区）

省份，拥有珊瑚菜生长的良好自然生境。自 2014 年福建省第四次全国中药资源普查以来，作为福建省中药资源普查技术负责部门，福建中医药大学普查队在沿海县（市、区）普查中，特别关注福建野生珊瑚菜资源现状。迄今为止，发现珊瑚菜资源分布的地点有漳州（龙海）、泉州（惠安、石狮）、莆田（秀屿）、福州（连江、平潭）等 4 个地级市 6 个县（市、区）10 个分布点。各地野生珊瑚菜现存分布面积为 200~500m^2 不等，密度为 1~8 株 / m^2，常见伴生物种有海边月见草 *Oenothera drummondii* Hook.、厚藤 *Ipomoea pes-caprae* (L.) R. Brown、沙苦荬菜 *Ixeris repens* (L.) A. Gray、香附子 *Cyperus rotundus* L.、卤地菊 *Melanthera prostrata* (Hemsley) W. L. Wagner & H. Robinson、肾叶打碗花 *Calystegia soldanella* (L.) R. Br.、老鼠艻 *Spinifex littoreus* (Burm. f.) Merr. 等。2016 年，在平潭综合实验区发现了 3.5km×100m 的野生珊瑚菜分布带，这是迄今为止发现的福建省内最大的珊瑚菜野生种群，大量珊瑚菜生长于高潮线上平缓沙滩、沙丘，与海边月见草、肾叶打碗花、沙苦荬菜等沙生植物，共同形成了沙滩带上绚丽又独特的植被群落。在设置的 31 个 2m×2m 样方中，样地内伴生物种包括香附子、海边月见草、单叶蔓荆等 15 种，珊瑚菜频度为 41.6%，样方内珊瑚菜平均密度为 0.98 棵 /m^2。但在此后四年间，因防护林建设、巨菌草种植实验等，至 2019 年 11 月，整片沙滩野生珊瑚菜仅余约 200m×50m 的分布区。

在考察福建省滨海砂质海岸的过程中发现，各地因防护林、旅游、风力或其他经济活动，砂质海岸特别是沙滩植被遭受不同程度的影响。珊瑚菜为直根系草本植物，翻沙活动极易对其造成难于恢复的伤害，因此在海岸沙滩建设中，珊瑚菜往往难以再觅踪迹。寻求何种方式来解决原生境保护与经济建设的冲突，是我国海岸线建设的一大难题，同时又意义重大。

目前，福建省高潮带沙滩进行的人工植被活动包括：①木麻黄苗木等防护林带种植。每年的翻沙作业对沙滩原生植被破坏极为明显，但又势在必行。②沙滩防风草本层实验，因其物种单一，且短时间内长势旺盛，对原生植被极易造成破坏，除非停止种植活动，否则原生植被无恢复的可能。③旅游设施、工业建设引起的大面积翻沙活动，此类建设活动周期长、施工面积大，对原生植被属于毁灭性活动，需实行抢救性保护。根据各地沙滩建设与珊瑚菜居群生境特点，建议福建省沙滩野生珊瑚菜种质资源进行人工干预以促进修复与保护。

（1）就地保护（以平潭综合实验区长江澳为例）

2015~2019 年，平潭综合实验区长江澳沙滩已形成外径长 3.5km 的沙滩木麻黄林带，此区域为芦洋乡防护林的前沿林带。基于防护林、防护草本层的生态作用，结合目前珊瑚菜生境与分布，建议进行就地保护与人工促进修复。①在排塘兜西侧与入海口之间的沙丘，面积约 200m×100m，是珊瑚菜野生种群的第一集中生长区，原珊瑚菜密度最高可达 6~8 株 /m^2。截至 2020 年 5 月，此地野生种群仅余 100m×50m 的纵向条带分布，但植株密度仍较高，需要进行快速的、抢救性的就地保护。建议实验区相关部门密切关注，可插上“生物多样性保护”牌示，不再进行翻沙作业。②此区域约 1/4 面积已密集种植巨菌草；对已生长成型的巨菌草群落，在实验期结束，可进行保留外周条带，清理出内侧沙丘，归还珊瑚菜生长区域。③在高潮带上侧沙丘约 50m 宽度停止木麻黄林培育。此区域沙丘为珊瑚菜野生种群分布的优势生长区，2015~2017 年珊瑚菜与海边月见草、香附子、单叶蔓荆等原生植被形成高潮带上缓冲带。停止翻沙种植木麻黄，对长江澳生态防护几乎无影响。④鉴于目前珊瑚菜在防护林带外围已无分布迹象，建议由排塘兜区块于秋季收集种子，经沙藏后，于次年春季进行播种，进行人工促进恢复。同时对长江澳珊瑚菜的生长情况进行动态监测，建议在平潭综合实验区林业部门的支持下，与福建中医药大学药学院组成科研小组，对长江澳珊瑚菜种群进行季度 - 年度资源考察，形成季度 - 年度报告，上报区林业部门、农业部门、卫健局等，并形成年度报告，提交省野生动植物保护中心（省内其他分布地的资源情况，亦与当地相关部门配合进行就地保护与追踪）。

珊瑚菜生境（石狮市）

（2）迁地保护——建立种质资源圃

种质收集与资源圃的建设，是野生种质资源保存的另一个方法。特别是在原生境保护与城市建设严重冲突的时候，建立种质资源圃进行种质资源的迁地保护是各方共赢与认可的选择。目前，全国尚无规范化的、针对野生珊瑚菜种质资源的种质资源圃，而珊瑚菜的野外极危现象说明其种质资源圃的建设亟待开展。基于平潭综合实验区长江澳优质的沙滩环境，作者认为可在此地建立东亚 - 中国珊瑚菜种质资源保存圃，并可与北沙参药食两用种植试验等同时进行，形成中国珊瑚菜及闽产北沙参的种质保护、保存与地产中药材合理开发的“三合一”模式。

三、福建省沙生药用植物中的外来入侵物种

外来入侵植物是指从自然分布区（可以是其他国家或本国其他地区）通过有意或无意的人类活动而被引入，并在当地的自然或半自然生态系统中形成了自我再生能力，给当地的生态系统或景观造成明显损害或影响的植物。中华人民共和国生态环境部（原环保总局）、中国科学院分别于 2003 年、2010 年、2014 年、2016 年公布了四批《中国自然生态系统外来入侵物种名单》，共 71 种，其中入侵植物 39 种。农业部 2008 年发布《农业重大外来入侵生物》85 种，其中入侵植物 30 种。农业农村部 2012 年发布第 1897 号公告《国家重点管理外来入侵物种名录（第一批）》52 种，其中入侵植物 21 种。万方浩等（2012 年）在《生物入侵：中国外来入侵植物图鉴》中收录了 142 种入侵植物。马金双等（2013 年）基于文献报道（截至 2012 年 12 月）、野外调查、标本记录和分类学考证，整理中国入侵植物 94 科 450 属 806 种；根据外来入侵物种的生物学与生态学特性、自然地理分布、入侵范围以及所产生的危害，其前 5 类为主要入侵物种共 516 种，包括恶性入侵类（1 级，34 种）、严重入侵类（2 级，69 种）、局部入侵类（2 级，85 种）、一般入侵类（4 级，80 种）和有待观察类（5 级，247 种），另有建议排除类（6 级，69 种）、中国原产类（7 级，222 种）。以上各中国入侵物种名录或目录，均在植物智・中国外来入侵物种信息系统可查询。

福建省位于东南沿海，随着改革开放而对外交往日益频繁，外来入侵物种也在福建省滨海广泛生长、繁殖，砂质海岸的入侵（药用）植物问题亦需要引起相关重视。以上所述五大来源的全国入侵植物名录或目录为依据，本书收录（含附录一）的 175 种福建滨海沙生植物资源中有 32 种入侵植物，其中药用植物 25 种，《中国药典》收载的中药基原植物 6 种。

表 1 福建省滨海砂质海岸外来入侵植物

序号	入侵植物	《中国自然生态系统外来入侵物种名单》（2003—2016年）	《农业重大外来入侵生物》（2008 年）	《国家重点管理外来入侵物种名录（第一批）》（2012 年）	《生物入侵：中国外来入侵植物图鉴》（2012 年）	中国入侵植物名录（2013年）/入侵等级
1	铺地黍 *Panicum repens* L.				√	2
2	互花米草 *Spartina alterniflora* Lois.	√		√	√	1
3	台湾相思 *Acacia confusa* Merr.					3

续表

序号	入侵植物	《中国自然生态系统外来入侵物种名单》（2003—2016年）	《农业重大外来入侵生物》（2008年）	《国家重点管理外来入侵物种名录（第一批）》（2012年）	《生物入侵：中国外来入侵植物图鉴》（2012年）	中国入侵植物名录（2013年）/入侵等级
4	木麻黄 *Casuarina equisetifolia* L.					5
5	通奶草 *Euphorbia hypericifolia* L.					3
6	蛇婆子 *Waltheria indica* L.				√	2
7	番杏 *Tetragonia tetragonioides* (Pall.) Kuntze					5
8	毛马齿苋 *Portulaca pilosa* L.					5
9	单刺仙人掌 *Opuntia monacantha* (Willd.) Haw.					2
10	* 香附子 *Cyperus rotundus* L.					4
11	猩猩草 *Euphorbia cyathophora* Murr.				√	3
12	* 飞扬草 *Euphorbia hirta* L.				√	3
13	* 蓖麻 *Ricinus communis* L.				√	2
14	* 苘麻 *Abutilon theophrasti* Medicus				√	3
15	北美独行菜 *Lepidium virginicum* Linnaeus				√	2
16	喜旱莲子草 *Alternanthera philoxeroides* (Mart.) Griseb.	√		√	√	1
17	凹头苋 *Amaranthus blitum* Linnaeus				√	2
18	刺苋 *Amaranthus spinosus* L.	√		√	√	1

续表

序号	入侵植物	《中国自然生态系统外来入侵物种名单》（2003—2016年）	《农业重大外来入侵生物》（2008年）	《国家重点管理外来入侵物种名录（第一批）》（2012年）	《生物入侵：中国外来入侵植物图鉴》（2012年）	中国入侵植物名录（2013年）/入侵等级
19	仙人掌 *Opuntia dillenii* (Ker Gawl.) Haw.				√	2
20	* 洋金花 *Datura metel* L.				√	2
21	苦蘵 *Physalis angulata* L.					3
22	马缨丹 *Lantana camara* L.			√	√	1
23	鬼针草 *Bidens pilosa* L.	√				1
24	* 鳢肠 *Eclipta prostrata* (L.) L.					4
25	银胶菊 *Parthenium hysterophorus* L.	√	√	√	√	1
26	△蒺藜草 *Cenchrus echinatus* L.	√			√	1
27	△匍根大戟 *Euphorbia serpens* H. B. K.					5
28	△裂叶月见草 *Oenothera laciniata* Hill.					3
29	△泡果苘 *Herissantia crispa* (Linnaeus) Brizicky					3
30	△刺花莲子草 *Alternanthera pungens* H. B. K.		√		√	2
31	△银花苋 *Gomphrena celosioides* Mart.				√	2
32	△小花月见草 *Oenothera parviflora* L.					5

注：植物中文名前加“*”表示为《中国药典》收载的中药基原植物，植物中文名前加“△”表示暂查无药用记载的植物。

四、沙生药用植物综合价值量化评价

本土沙生药用植物资源具有传统的中草药利用价值，兼具防风固沙生态效益，当中又不乏优质的观叶、观花、观果等观赏资源，综合药用、生态与景观三大功能，筛选本土的、优质的沿海防护林组成物种，将形成沿海防护林的一大特色。2017 年，我们建立了一套沙生药用植物综合价值评价体系，对 32 种福建本土专性沙生药用植物的综合价值进行了量化评价。本书在此基础上，对三个一级评价因子分别设置了权重，20 个二级评价因子内容进行适当的调整，以更客观地进行评价。136 种福建省滨海沙生药用植物的综合价值量化评价得分见于书中各论“应用推介”项。

1. 评价因子筛选

（1）生态价值相关因子筛选

植物生活型、生物学特性（包括特殊生物学特性）是发挥生态效益的主要因素。一方面，乔木、灌木、草本、藤本等生活型是植物群落配置里首要考虑因素。另一方面，沙滩作为植物体特殊的生境，沙生植物天然具有适应环境的生物学特性。低矮的植株，强大的根系如露兜树具水生根，蔓延性的藤茎节如单叶蔓荆具极强的匍蔓性，具有发达的不定根等生物学特性，是其防风固沙生态效益的生物学基础，亦应作为评价综合利用价值的主要因素之一。

（2）药用价值相关因子筛选

药用价值与药用植物的入药部位、药材使用率、药用产量、药材价格等因素相关。①入药部位：入药部位与沙生药用植物的生态利用价值关系密切。全草入药、根类及根茎类入药的资源，则其采收时，其生态价值也归于零；而地上部分入药，特别是果种入药，其根系终生保存，故防风固沙生态价值终生存在，其花、果期的观赏价值也高，故以花、果入药为佳。②常用性：是否为中药基原植物与特色常用草药，以《中国药典》收载为参考依据，中药基原植物则其入方率与药材使用率高，销售量大；特色常用草药亦是使用率高的一类。使用率间接影响药材的价格与成本。③产量与价格：产量、价格直接影响药材的经济价值，产量方面以亩产干货 300kg 为中线，每千克 50 元及以上为高，中线为每千克 20~30 元。④成本：栽培药材成本包括用地、病虫害、采收等成本，本书中仅考虑野生药材，则成本主要为人工采收成本，因此全草类药材则成本低，花类、果实与种子类药材因需要花费时间进行采摘则成本高。

（3）观赏价值相关因子筛选

野生观赏植物因种类繁多，习性、观赏部位及特点、园林功能和用途等差异较大，很难有统一的评判标准，大多根据个人喜好而定。植物的观赏价值包括狭义的植物体形态观赏特性，与广义的观赏特性即人文性。形态观赏特性，体现在株形、植物各部形态、气味，人文性则体现在寓意、不良特性等方面。沙生植物的观赏性状选择，依然强调植物生物学特性与特殊生境的一致性。与沙滩生境较大的生物学色彩差异，与海、天、沙滩的色彩协调性，是沙生植物观赏性状的要求因素。具体体现在株形、叶、花、果实、气味等几个方面。①株形方面：与生活型相关，考虑到其生态环境与生态效益，以低矮、匍蔓性为要求。②叶方面：包括叶形、叶色、叶大小、叶质地等，以叶形奇特、叶色特殊、叶大或碎小、叶质地肥厚等为佳。③花方面：包括花形、花色、花大小、花附属物等，以花形奇特、花色鲜艳如大红大紫等、花大或成花序、花具特殊形态附属物等为佳。④果种方面：包括果种大小、果种颜色、果种形状等，以果种大、果色鲜艳、果形奇特等为佳。⑤气味方面：在正常嗅觉喜好范围内，越浓郁则在开阔的沙滩或沙岸越能持久传送。

2. 量化评价体系模型

沙生药用植物综合价值评价因子体系模型如图 1 所示，20 个二级评价因子采用 5 分制 5 档内容描述（详见表 2）。需要说明的是药用植物观赏性的高低与人的主观意识相关度比较大，因此在此方面的二级评价中，以尽量做到兼顾多数审美进行赋值。应用此评价体系对本书涉及的 136 种福建省滨海沙生药用植物的综合价值进行量化，量化得分详见各论。

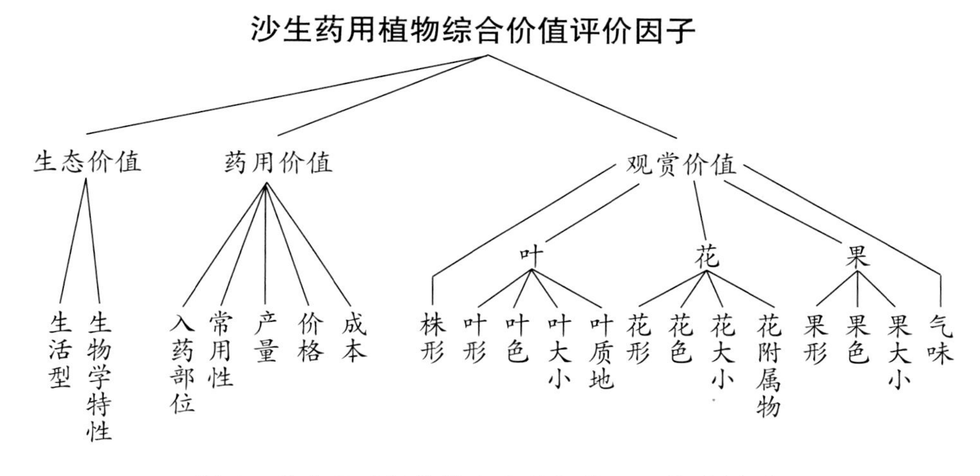

图 1 沙生药用植物综合价值评价因子体系模型

表 2 沙生药用植物综合价值量化评价体系二级评价因子赋分内容与分值

二级评价因子	参考分值 / 分				
	5	4	3	2	1
生活型	乔木、灌木	多年生藤本	多年生草本	二年生草本	一年生草本
生物学特性	匍蔓性灌木	匍蔓性多年生草本	乔木、灌木	匍蔓性一年生草本	直立草本
入药部分	果实、种子	花	茎、叶	全草	地下部分

续表

二级评价因子	参考分值 / 分				
	5	4	3	2	1
产量（千克 / 亩）	400~500	300~400	200~300	100~200	＜ 100
价格（元 / 千克）	＞ 50	30~50	20~30	10~20	1~10
人工成本	低	较低	一般	较高	高
常用性	常用	较常用	一般	较不常用	不常用
株形	奇特	紧凑，具刺、明显毛被等	较紧凑，形态较好	一般	松散
叶形	奇特，如无叶、针刺状等	较奇特，钻形、圆柱状等	复叶、各式分裂等	单叶，三角形、盾生、近圆形等	一般形态，如椭圆形、条形等
叶色	各色红、黄色系	各色白、斑色系	亮绿、翠绿等	灰绿、墨绿等	普通绿色
叶大小（长、宽）	＞ 10cm	5~10cm	3~5cm	1~3cm	＜ 1cm
叶质地	肉质	革质	纸质	草质	膜质
花形	奇特形态，如心形、球形等	独特形态，如钟状、漏斗状等	较漂亮，如唇形、蝶形等	一般形态，如花瓣镊状等	无被花
花色	红、黄、蓝色系和复合色等鲜艳颜色	红、蓝色系浅色、白色等	浅黄、淡黄等	黄白、黄绿等	颜色暗淡，如苍白色
花型	花序长或直径＞10cm	花序长或直径5~10cm	花序长或直径＜ 5cm	单花	无被花
花大小（直径）	＞ 10cm	5~10cm	3~5cm	1~3cm	＜ 1cm
果大小（直径）	＞ 4cm	3~4cm	2~3cm	1~2cm	＜ 1cm
果颜色	红色系	蓝色系	黄色系	黑色、白色、绿色等	棕色、褐色等较灰暗色
果形	不规则形、多角形	圆柱形、棱柱形等	节荚形、梨形等	扁球形、圆球形等	椭圆球形
气味	全株均具怡人的气味	植物体部分器官具怡人的气味	具特殊的气味，但不会引起不适	无明显气味	气味引起不适

各 论
G E
L U N

一、专性沙生药用植物

1. 全缘贯众

Cyrtomium falcatum (L. f.) Presl

【科　　属】鳞毛蕨科 Dryopteridaceae 贯众属 *Cyrtomium*。

【植物识别】草本，高 30~40cm。根状茎直立，密被披针形棕色鳞片。叶簇生，奇数一回羽状，革质，两面光滑，侧生羽片边缘常波状。孢子囊群密布羽片下面；囊群盖圆盾形，边缘具细齿。

【生境分布】生于海边岩石上。分布于沿海各地。

【传统用药】根茎入药。苦、涩，寒。清热解毒，凉血祛瘀，驱虫。用于感冒，热病斑疹，白喉，乳痈，瘰疬，痢疾，黄疸，吐血，便血，崩漏，痔血，带下病，跌打损伤，肠道寄生虫病。

【应用推介】观叶型海岸绿化草本。本种叶形开展，叶面亮绿，质较硬，若大量栽培，可用于插花配叶。综合价值量化得分 40 分。

2. 黑松 ｜ 别名：日本黑松

Pinus thunbergii Parlatore

【科　　属】松科 Pinaceae 松属 *Pinus*。

【植物识别】乔木。幼树树皮暗灰色，老则灰黑色，粗厚，裂成块片脱落；冬芽银白色。针叶 2 针一束，深绿色，有光泽，粗硬。雄球花淡红褐色，圆柱形；雌球花单生或 2~3 个聚生于新枝近顶端，直立，有梗，卵圆形，淡紫红色或淡褐红色。球果圆锥状卵圆形或卵圆形，有短梗，向下弯垂。种子倒卵状椭圆形，种翅灰褐色，有深色条纹。

【生境分布】栽种于沿海丘陵山上或沙岸。厦门、福州早年已有栽培，供庭园观赏用，近十多年来沿海及南部各地均有成片造林，生长良好。

【传统用药】针叶入药。苦，温。祛风燥湿，杀虫止痒，活血安神。用于风湿痿痹，脚气病，湿疮，癣，风疹瘙痒，跌打损伤，神经衰弱，慢性肾炎，高血压，预防流行性乙型脑炎、流行性感冒。

【应用推介】沿海防护林组成物种。本种在丘陵地带树形较矮，针叶较短且粗硬，整体形态良好。综合价值量化得分 51 分。

3. 露兜树 | 别名：林投、野菠萝蜜、山旺梨

Pandanus tectorius Sol.

【科　　属】露兜树科 Pandanaceae 露兜树属 *Pandanus*。

【植物识别】常绿分枝灌木或小乔木，常左右扭曲，具多分枝或不分枝气根。叶簇生枝顶，3 行螺旋状排列，条形，长达 80cm，先端长尾尖，叶缘和下面中脉有粗壮锐刺。雄穗状花序长约 5cm；佛焰苞长披针形，近白色，边缘和下面中脉具细锯齿；雄花芳香，雄蕊 10（~25）枚，总状排列。雌花序头状，单生枝顶，圆球形；佛焰苞多枚，乳白色，边缘具疏密相间细锯齿，心皮 5~12 成束，中下部联合，上部分离。聚花果悬垂，具 40~80 核果束，圆球形或长圆形，成熟时橘红色；核果束倒圆锥形，宿存柱头乳头状、耳状或马蹄状。

【生境分布】生于海边沙丘或海岸沙地上。分布于漳州（东山、龙海、漳浦）、厦门等地。

【传统用药】根入药；淡、辛，凉；发汗解表，清热利湿，行气止痛；用于感冒，高热，肝炎，肝硬化腹水，肾炎水肿，小便淋痛，结膜炎，风湿麻痹，疝气，跌打损伤。嫩叶入药；甘，寒；清热，凉血，解毒；用于感冒发热，中暑，麻疹，发斑，丹毒，心烦尿赤，牙龈出血，阴囊湿疹，疮疡。花序入药；甘，寒；清热，利尿；用于感冒咳嗽，淋浊，小便不利，热泻，疝气，对口疮。核果入药；辛、淡，凉；补脾益血，行气止痛，化痰利湿，明目；用于痢疾，胃痛，咳嗽，疝气，睾丸炎，痔疮，小便不利，目生翳障。

【现代研究】含生物碱、木脂素、甾醇、有机酸等活性成分。具降血糖、抑菌、中枢神经系统抑制作用等药理作用，临床用于治疗感冒、糖尿病以及促进血管内皮生长、抗凝血和抗肿瘤等。

【应用推介】海滩低潮带防潮物种。株形优美，具水生根，同时亦有支持作用；叶长形，大型；果大，色艳；可观叶观果。露兜树核果内果皮木质红色，有商家将其雕刻成文玩。综合价值量化得分 54 分。

4. 马盖麻 | 别名：亚洲马盖麻、番麻

Agave cantula Roxb.

【科　　属】天门冬科 Asparagaceae 龙舌兰属 *Agave*。

【植物识别】多年生植物。茎短或近于无茎。叶呈莲座式排列，肉质，线状披针形或剑形，叶缘具黑色钩状刺，刺间距离 2~2.5cm，顶端有 1 枚黑色硬尖刺。花葶顶部常形成芽。圆锥花序高大；花白色；花被管阔漏斗状，花被裂片线状披针形。生命周期一般 6~10 年。

【生境分布】生于海岸砂质土或岩石间。分布于闽江口以南沿海。

【传统用药】叶入药。辛、甘，温。补肾壮阳，祛风除湿。用于肾阳虚寒，肢冷畏寒，腰膝酸痛，肾阳不足兼有风湿之症。

【现代研究】含替告皂苷元，是合成蛋白同化激素药物的重要原料。

【应用推介】砂质地、基岩海岸石隙间绿化植物。株形优美，叶大型，长形叶，莲座状；开花期花葶高大，花白；是观叶观花的优良物种。综合价值量化得分 54 分。

【附　　注】本种原属于石蒜科 Amaryllidaceae，乃一生一花植物。

5. 石刁柏 | 别名：芦笋

Asparagus officinalis L.

【科　　属】天门冬科 Asparagaceae 天门冬属 *Asparagus*。

【植物识别】直立草本，高达 1m。茎平滑，上部后期常俯垂，分枝较柔弱。叶状枝每 3~6 枚成簇，近扁圆柱形，微有钝棱，纤细，常稍弧曲；鳞叶基部有刺状短距或近无距。花每 1~4 朵腋生，绿黄色；雌雄同株。浆果成熟时红色，具 2~3 枚种子。

【生境分布】生于细沙中。漳州（东山）有引种栽培。

【传统用药】嫩茎入药；微甘，平；清热利湿，活血散结；用于肝炎，银屑病，高脂血症，乳腺增生，另对淋巴肉瘤、膀胱癌、乳腺癌、皮肤癌等有一定疗效。块根入药；苦、甘、微辛，温；温肺，止咳，杀虫；用于风寒咳嗽，百日咳，肺结核，老年咳喘，疳虫，疥癣。

【现代研究】含胡萝卜素类、甾体皂苷、黄酮、木脂素、挥发性成分、氨基酸等活性成分。具酶活性、抗氧化等药理作用。

【应用推介】细沙地小灌木。嫩茎不仅可供食用，且可开发成袋泡茶等各种商品，出口日本、韩国及东南亚等地。叶状枝细，果红，可作观叶观果植物。综合价值量化得分 43 分。

【附　　注】本种原属于百合科 Liliaceae。

6. 异蕊草

Thysanotus chinensis Benth.

【科　　属】天门冬科 Asparagaceae 异蕊草属 *Thysanotus*。

【植物识别】一年生草本。根状茎短，具纤维根。叶窄条形或近扁丝状。花葶稍比叶长；伞形花序顶生，有 4~10 花，基部有多枚卵形、膜质小苞片；花梗外弯，下部有关节；花白色；花被片近长圆形，下部边缘有时有流苏状齿。蒴果椭圆形，每室具 2 枚种子。

【生境分布】生于山坡路旁的干燥沙地或草地。分布于厦门（同安）、泉州（惠安）、莆田（秀屿）等地。

【传统用药】全草入药。用于鱼刺鲠喉。

【应用推介】不显眼小草本。叶长而松散，仅量大时可作为地被点缀。综合价值量化得分 27 分。

【附　　注】本种原属于百合科 Liliaceae。

7. 球柱草

Bulbostylis barbata (Rottb.) C. B. Clarke

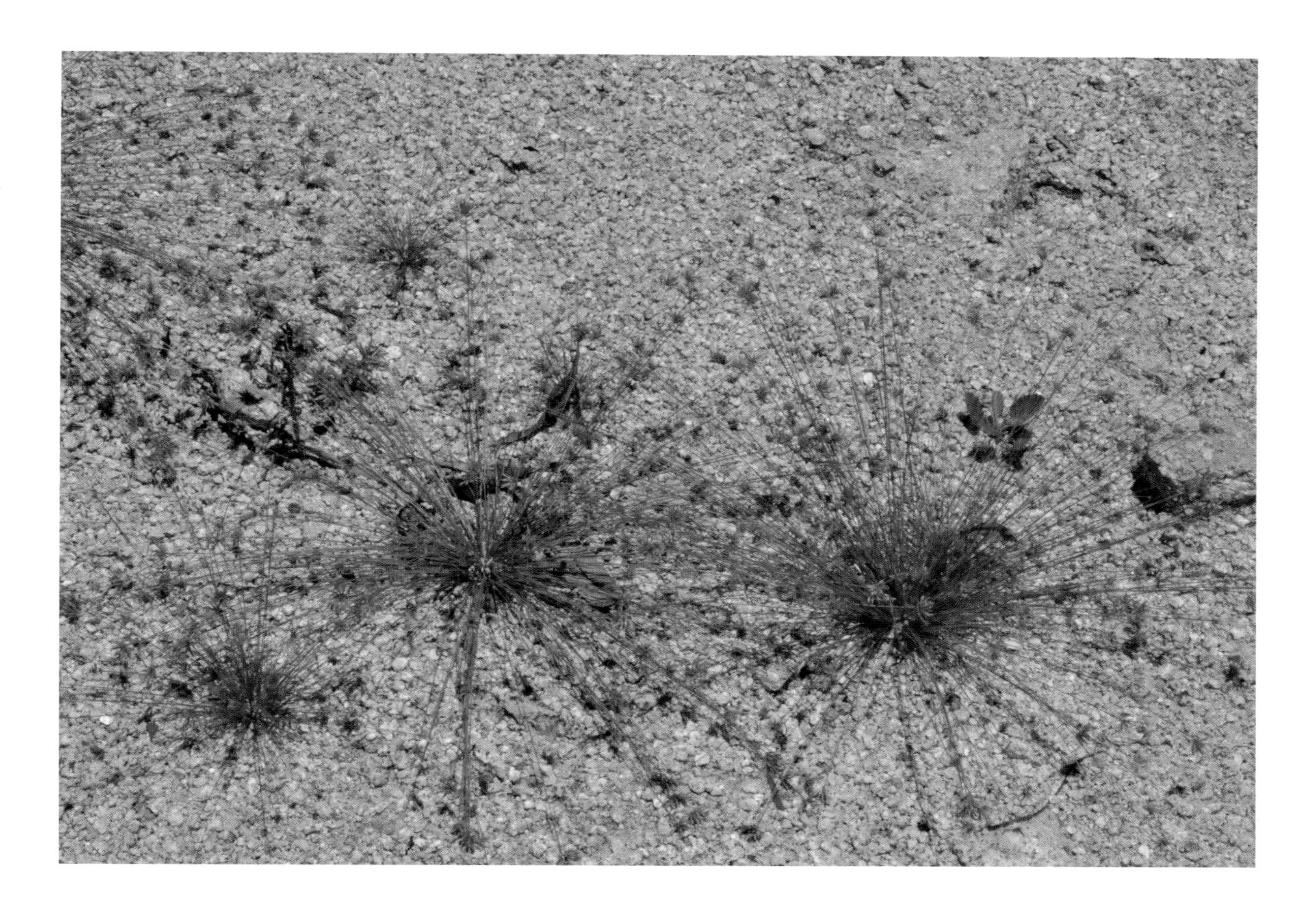

【科　　属】莎草科 Cyperaceae 球柱草属 *Bulbostylis*。

【植物识别】一年生草本。无根状茎；秆丛生，细，无毛，高 6~20cm。叶纸质，线形，宽 0.4~0.8mm，全缘，边缘微外卷；叶鞘边缘具白色长柔毛状缘毛。长侧枝聚伞花序头状，具密聚的无柄小穗 3 个至数个；小穗鳞片棕色或黄绿色，顶端具外弯芒状短尖；雄蕊 1（2）枚，花药卵形或长圆状卵形。小坚果倒卵形，三棱形，顶端具盘状花柱基。

【生境分布】生于海边砂地及路旁湿地。分布于漳州（东山、云霄、诏安）、莆田（仙游）、福州（长乐、平潭）等地。

【传统用药】全草入药。苦，寒。凉血止血。用于呕血，咯血，衄血，尿血，便血。

【应用推介】地被草本层组成物种。植株秆丛生，扩散至近圆形，在较空旷的沙地具有一定的观赏性。综合价值量化得分 26 分。

【附　　注】《中国植物志》《福建植物志》记载本种的拉丁学名为 *Bulbostylis barbata* (Rottb.) Kunth。

8. 具芒碎米莎草

Cyperus microiria Steud.

【科　　属】莎草科 Cyperaceae 莎草属 *Cyperus*。

【植物识别】一年生草本。秆丛生，锐三棱形，基部具叶。叶短于秆；叶鞘较短，红棕色。叶状苞片长于花序；穗状花序于长侧枝组成聚伞花序复出，卵形或宽卵形；小穗直立或稍斜向展开；小穗轴直，具白色透明的狭边；鳞片顶端圆，具较长的短尖；雄蕊 3，柱头 3。小坚果长圆状倒卵形，三棱状，与鳞片近等长，深褐色。

【生境分布】生于沿海沙滩地、水边、路旁湿地。分布于漳州（云霄、诏安）、莆田（仙游）、福州（长乐、马尾）、宁德（福鼎）等地。

【传统用药】全草入药。利湿通淋，行气活血。

【应用推介】地被草本层组成物种。植株具有一定的高度，成小片栽培具一定的防风固沙功能与观赏性。综合价值量化得分 26 分。

9. 铺地黍　|　别名：硬骨草、马铃降、风台草

Panicum repens L.

【科　　属】禾本科 Poaceae 黍属 *Panicum*。

【植物识别】多年生草本。根状茎粗壮、发达。秆直立，坚挺，高 50~100cm。叶鞘光滑，边缘被纤毛；叶舌顶端被睫毛；叶片质硬，线形，宽 2.5~5mm，干时常内卷，呈锥形。圆锥花序开展，分枝斜上，粗糙，具棱槽；第一颖薄膜质，长约为小穗的 1/4；第二颖约与小穗近等长，第一小花雄性，其外稃与第二颖等长；雄蕊 3；第二小花结实，长圆形，平滑、光亮，顶端尖；鳞被纸质，脉不清晰。

【生境分布】生于海边、溪河边、水稻田边及潮湿处。全省各地常见。

【传统用药】全草入药；甘、微苦，平；清热平肝，通淋利湿；用于高血压，淋浊，白带异常。根和根茎入药；甘、微苦，平；清热平肝，利湿解毒，活血祛瘀；用于高血压，鼻衄，湿热带下，淋浊，鼻窦炎，腮腺炎，黄疸性肝炎，毒蛇咬伤，跌打损伤。

【应用推介】沙滩地被植物。地下根状茎粗壮、发达，具较强的固沙作用。叶片是优良的牧草来源。综合价值量化得分 38 分。

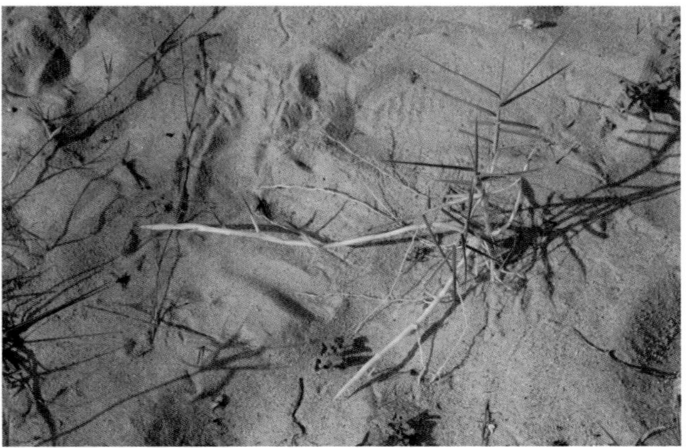

10. 甜根子草 | 别名：割手密、野猴蔗

Saccharum spontaneum L.

【科　　属】禾本科 Poaceae 甘蔗属 *Saccharum*。

【植物识别】多年生草本，具发达横走的长根状茎。秆高 1~2m，具 5~10 节，节间中空，含少量糖分，味甜。叶片线形，宽 4~8mm，基部多少狭窄，无毛，灰白色，边缘呈锯齿状粗糙。圆锥花序稠密，主轴密生丝状柔毛；分枝细弱，下部分枝的基部多少裸露，直立或上升；无柄小穗披针形，基盘具丝状毛，长为小穗的 4~5 倍；鳞被倒卵形，顶端具纤毛；雄蕊 3 枚；柱头紫黑色，自小穗中部两侧伸出。

【生境分布】生于河边、溪岸旁及砂质地。全省各地常见。

【传统用药】根茎及秆入药。甘，凉。清热，止咳，利尿。用于感冒发热，口干，咳嗽，热淋，小便不利。

【应用推介】沙滩地被植物。根状茎发达，具较强的固沙能力。是优良的牧草来源。综合价值量化得分 37 分。

11. 互花米草

Spartina alterniflora Lois.

【科　　属】禾本科 Poaceae 米草属 *Spartina*。

【植物识别】多年生草本。根系发达，须根短而细。根状茎长而粗；茎秆坚韧、直立，高可达 1~3m。茎节具叶鞘，叶腋有腋芽。叶互生，长披针形，具盐腺，叶表面常有白色粉状盐霜。圆锥花序，具 10~20 个穗形总状花序，有 16~24 个小穗，小穗侧扁，长约 1cm；子房平滑，柱头 2，长，呈白色羽毛状；雄蕊 3。

【生境分布】生于海边、河口湿地。全省沿海海边湿地可见。

【现代研究】含总黄酮、脂肪酸、挥发油等活性成分。

【应用推介】海滩、河口湿地引种防护物种。茎叶可作为牧草，特别是经过发酵后，牛马更喜欢食用。低潮带浅滩引种易引起大面积生长，推广需要谨慎。霞浦等地居民于芽长出时采摘作菜吃，每年亦成为一定的经济来源。综合价值量化得分 38 分。

【附　　注】本种原产于北美大西洋沿岸，因其茎秆密集粗壮、地下根状茎发达，可促进泥沙快速沉降和淤积，20 世纪 70 年代末我国河口与沿海滩涂广泛引种，发挥了良好的促淤固滩、消浪护岸的生态作用。但其超强的繁殖力，亦严重威胁着本土物种，成为我国滨海一级入侵植物。

12. 老鼠艻 | 别名：腊刺

Spinifex littoreus (Burm. f.) Merr.

【科　　属】禾本科 Poaceae 鬣刺属 *Spinifex*。

【植物识别】多年生小灌木状草本。须根长而坚韧。秆粗壮、坚实，表面被白蜡质，下部平卧，向上直立部分高 30~100cm。叶鞘宽阔，边缘具缘毛，常互相覆盖；叶片线形，质坚而厚，下部对折，上部卷合如针状，常呈弓状弯曲，边缘粗糙，无毛。雄穗轴长 4~9cm，生数枚雄小穗，先端延伸于顶生小穗之上而呈针状；雄小穗颖草质，广披针形；雌穗轴针状，粗糙，基部单生 1 雌小穗；雌小穗颖草质。

【生境分布】生于海边沙滩地。全省沿海各地均有分布。

【传统用药】叶入药。用于刀伤出血。

【应用推介】高潮带上缘、防护林林缘固沙速成地被植物，地下根系发达，固沙效果强。但大片种植形成的单一植被，极易破坏生物多样性，须谨慎。综合价值量化得分 38 分。

13. 伽蓝菜 | 别名：五爪田七、鸡爪三七

Kalanchoe ceratophylla Haworth

【科　　属】景天科 Crassulaceae 伽蓝菜属 *Kalanchoe*。

【植物识别】多年生草本，高 20~100cm。叶对生，中部叶羽状深裂。聚伞花序圆锥状；苞片线形；萼片 4，披针形；花冠黄色，高脚碟形，裂片 4，卵形；雄蕊 8。

【生境分布】海边砂地上或岩隙间。全省沿海各地零星散生。

【传统用药】全草入药。甘、微苦，寒。散瘀止血，清热解毒。用于跌打损伤，扭伤，外伤出血，咽喉炎，烫伤，湿疹，疮痈肿痛，毒蛇咬伤。

【现代研究】具淋巴细胞增殖抑制作用。

【应用推介】砂质海岸、基岩海岸草本层物种。观叶观花型肉质草本，花序较大，花色艳。综合价值量化得分 50 分。

【附　　注】《中国植物志》《福建植物志》记载本种的拉丁学名为 *Kalanchoe laciniata* (L.) DC.。

14. 蒺藜

Tribulus terrestris Linnaeus

【科　　属】蒺藜科 Zygophyllaceae 蒺藜属 *Tribulus*。

【植物识别】一年生草本。茎平卧，枝长 20~60cm。一回羽状复叶，小叶对生，3~8 对，长圆形或斜长圆形。花腋生；花瓣 5，黄色；雄蕊 10。分果爿 5，长 4~6mm，被小瘤，中部边缘具 2 枚锐刺，下部具 2 枚锐刺。

【生境分布】生于海滨砂地、荒地或路旁。分布于漳州（东山、诏安、漳浦）、厦门（同安）、泉州（晋江、惠安）、福州（长乐、福清、马尾、平潭）等地。

【传统用药】果实入药（蒺藜）；苦、辛，平；平肝，解郁，祛风明目；用于头痛，眩晕，胸胁胀痛，乳房胀痛，乳闭不通，经闭，癥瘕，目赤翳障，风疹瘙痒，白癜风，疮疽，瘰疬。花入药；辛、苦，微温；有小毒；平肝解郁，活血祛风，明目，止痒；用于头痛眩晕，胸胁胀痛，乳闭乳痈，目赤翳障，风疹瘙痒。

【现代研究】含黄酮、皂苷等活性成分。

【应用推介】沙滩地被植物，固沙。株形纤细、美观，花黄色，果实形态特殊，具有较好的观赏性。但因蒺藜为一年生植物，自然生境下种子繁育率较低，常无法形成较高的分布率。推荐作为沙生果实类中药材基原植物进行栽培种植，以提高闽产蒺藜中药材的产量。综合价值量化得分 48 分。

【附　　注】《中国植物志》记载本种的拉丁学名为 *Tribulus terrester* L.。

15. 台湾相思 | 别名：相思树、台湾相思树

Acacia confusa Merr.

【科　　属】豆科 Fabaceae 相思树属 *Acacia*。

【植物识别】常绿乔木，高达 15m。苗期第一片真叶为羽状复叶，长大后小叶退化，叶柄变为叶状柄；叶状柄革质，披针形，直或微呈弯镰状，有明显的纵脉 3~5（~8）。头状花序球形，单生或 2~3 个簇生于叶腋；花金黄色，有微香；花瓣淡绿色；雄蕊多数，花丝金黄色，明显超出花冠之外。荚果扁平，于种子间微缢缩，顶端钝而有凸头，基部楔形。

【生境分布】栽种于沿海丘陵山上。全省沿海各地均有分布。

【传统用药】枝叶、芽入药。去腐生肌，疗伤。用于疮疡溃烂，跌打损伤。

【应用推介】近数十年来，本种已成为沿海丘陵针阔混交林防风物种，亦是沿海县市行道树树种之一，对生境要求较低，绿化效果好。综合价值量化得分 63 分。

【附　　注】《中国植物志》《福建植物志》记载 *Acacia* 的中文属名为金合欢属，《福建植物志》记载本种的中文名为相思树。

16. 链荚豆 | 别名：大叶青

Alysicarpus vaginalis (Linnaeus) Candolle

【科　　属】豆科 Fabaceae 链荚豆属 *Alysicarpus*。

【植物识别】多年生草本。茎平卧或上部直立，高 30~90cm。单生小叶；茎上部小叶通常为卵状长圆形、长圆状披针形或线状披针形，下部小叶为心形、近圆形或卵形。总状花序腋生或顶生，花 6~12 朵，成对排列于节上；花冠紫蓝色，旗瓣倒卵形。荚果扁圆柱形，被短柔毛；荚节 4~7，节分界处有稍隆起的线环。

【生境分布】生于空旷草坡、旱田边、路旁或海边沙地。分布于漳州（东山、漳浦）、莆田（仙游）、福州（平潭）等地。

【传统用药】全草入药。甘、苦，凉。活血通络，接骨消肿，清热解毒。用于跌打骨折，筋骨酸痛，外伤出血，疮疡溃烂久不收口，腮腺炎，慢性肝炎。

【现代研究】含水杨酸、胡萝卜苷、β- 谷甾醇等活性成分。

【应用推介】沙岸与丘陵匍蔓性地被植物，固沙。综合价值量化得分 57 分。

【附　　注】《中国植物志》《福建植物志》记载本种的拉丁学名为 *Alysicarpus vaginalis* (Linn.) DC.。

17. 海刀豆

Canavalia rosea (Sw.) DC.

【科　　属】豆科 Fabaceae 刀豆属 *Canavalia*。

【植物识别】粗壮，草质藤本。茎被稀疏的微柔毛。三出羽状复叶；托叶、小托叶小。总状花序腋生；花 1~3 朵聚生于花序轴近顶部的每一节上，花冠紫红色；子房被绒毛。荚果线状长圆形，顶端具喙尖，两侧有纵棱。

【生境分布】生于海边砂土。全省沿海各地均有分布。

【传统用药】根入药。用于肝炎。果荚和种子有毒。

【现代研究】含黄酮、萜类、甾醇、脂肪酸等活性成分。具有抑制人肿瘤细胞 NF-κB 活化所致细胞毒性和凋亡、中等细胞毒抑制活性等药理作用。

【应用推介】地被匍蔓性藤本，固沙，常于沙滩、岩石间成片生长。叶常绿，花序较大，花色鲜艳，果形大，具一定的观赏性，可作为绿化藤本。综合价值量化得分 61 分。

【附　　注】《中国植物志》记载本种的拉丁学名为 *Canavalia maritima* (Aubl.) Thou.，《福建植物志》记载本种的拉丁学名为 *Canavalia lineata* (Thunb.) DC.。

18. 烟豆

Glycine tabacina Benth.

【科　　属】豆科 Fabaceae 大豆属 *Glycine*。

【植物识别】多年生草本。茎纤细而匍匐，基部多分枝，节明显，常弯曲，幼时被紧贴、白色的短柔毛。三出复叶；茎上部小叶两面被紧贴的白色短柔毛；托叶小，披针形。总状花序；花疏离，花冠紫色至淡紫色，旗瓣圆形；雄蕊二体。荚果长圆形而劲直，在种子之间不缢缩，被紧贴、白色的柔毛，先端具喙。

【生境分布】生于海边岛屿的山坡或荒坡草地上。全省沿海各地均有零星分布。

【传统用药】根入药（一条根）。祛风湿，壮筋骨，益脾肾。用于风湿骨痛，气虚足肿，腰膝酸软。

【应用推介】沙岸、砂质地地被植物，匍蔓性草本，可成片生长，固沙。根为金门特色草药一条根，但目前其在福建其他地区尚无药用开发，推荐在资源考察、化学、药理研究的基础上，可适当于福建沿海推广栽培种植，合理开发闽产药材一条根。综合价值量化得分 66 分。

【附　　注】本种为国家二级重点保护野生植物。

19. 短绒野大豆 ｜ 别名：阔叶大豆、多毛豆

Glycine tomentella Hayata

【科　　属】豆科 Fabaceae 大豆属 *Glycine*。

【植物识别】多年生缠绕或匍匐草本。茎粗壮，基部多分枝，全株通常密被黄褐色的绒毛。三出复叶；托叶卵状披针形。总状花序；花单生或 2~7（~9）朵簇生于花梗顶端；花冠淡红色、深红色至紫色，旗瓣大，有脉纹；雄蕊二体。荚果扁平而直，密被黄褐色短柔毛，在种子之间缢缩。

【生境分布】生于沿海及附近岛屿的干旱坡地、平地或荒坡草地上。分布于漳州（东山、云霄）、厦门（同安）、泉州（惠安、晋江）等地。

【传统用药】根入药（一条根）。祛风湿，壮筋骨，益脾肾。用于风湿骨痛，气虚足肿，腰膝酸软。

【应用推介】沙滩、沙岸、砂质地地被植物，匍蔓性草本，可成片生长，固沙。根为金门特色草药一条根，福建其他地区目前尚无药用开发，推荐在资源考察、化学、药理等研究的基础上，可适当于福建沿海推广栽培种植，合理开发闽产药材一条根。综合价值量化得分 67 分。

【附　　注】本种为国家二级重点保护野生植物。《福建植物志》记载本种的中文名为阔叶大豆。

20. 少花米口袋

Gueldenstaedtia verna (Georgi) Boriss.

【科　　属】豆科 Fabaceae 米口袋属 *Gueldenstaedtia*。

【植物识别】多年生草本。植株全体被毛，分茎短，长 2~3cm。一回羽状复叶；托叶三角形，基部合生。伞形花序有花 2~4 朵，花序梗约与叶等长；花冠红紫色，旗瓣卵形，长 1.3cm。荚果长圆筒状，被长柔毛，成熟后毛稀疏，开裂。

【生境分布】生于砂质土的空旷地。省内分布于莆田（秀屿）。

【传统用药】全草入药。甘、苦，寒。清热解毒，凉血消肿。用于痈肿疔疮，丹毒，肠痈，瘰疬，毒虫咬伤，黄疸，肠炎，痢疾。

【应用推介】砂质地地被植物。固氮来源植物。综合价值量化得分 54 分。

【附　　注】本种为福建新分布（2012 年）。

21. 硬毛木蓝 ｜ 别名：毛槐兰

Indigofera hirsuta L.

【科　　属】豆科 Fabaceae 木蓝属 *Indigofera*。

【植物识别】平卧或直立亚灌木，高 30~100cm；多分枝。枝、叶柄和花序均被开展长硬毛。一回羽状复叶；小叶 3~5 对，对生。总状花序密被锈色和白色混生的硬毛；花小，密集；总花梗较叶柄长；花冠红色，外面有柔毛，旗瓣倒卵状椭圆形；子房有淡黄棕色长粗毛，花柱无毛。荚果线状圆柱形，有开展长硬毛。

【生境分布】生于低海拔山坡旷野、路旁、河边草地及海滨沙地。分布于漳州（东山）。

【传统用药】枝或叶入药。苦、微涩，凉。解毒消肿，杀虫止痒。用于疮疖，毒蛇咬伤，皮肤瘙痒，疥癣。

【应用推介】沙岸、砂质地亚灌木层植物。全株均被长硬毛，花冠红色，具一定的观赏性。综合价值量化得分 46 分。

【附　　注】《福建植物志》记载本种为槐兰属植物毛槐兰。

22. 长萼鸡眼草

Kummerowia stipulacea (Maxim.) Makino

【科　　属】豆科 Fabaceae 鸡眼草属 *Kummerowia*。

【植物识别】一年生草本，高 7~15cm。茎平伏、上升或直立，茎和枝上被疏生向上的白毛。三出复叶；托叶被短缘毛。花常 1~2 朵腋生；花梗有毛；花冠上部暗紫色。荚果椭圆形或卵形，长为宿萼的 2.5~4 倍。

【生境分布】生于路旁、草地、山坡、固定或半固定沙丘等处。分布于福州（长乐）。

【传统用药】全草入药。甘，平。健脾利湿，解热止痢。

【现代研究】含黄酮、酚类等活性成分。具抗氧化等药理作用。

【应用推介】沙岸、砂质地地被植物。花冠颜色较艳丽，但植株整体偏小，成片种植才有较好的固沙作用。综合价值量化得分 40 分。

23. 密刺硕苞蔷薇

Rosa bracteata var. *scabriacaulis* Lindl. ex Koidz.

【科　　属】蔷薇科 Rosaceae 蔷薇属 *Rosa*。

【植物识别】铺散常绿灌木，具长的匍匐枝。小枝密被黄褐色柔毛，有皮刺，且密被针刺和腺毛；皮刺扁而弯，常成对着生于托叶下方。小叶 5~9，革质，椭圆形或倒卵形；托叶大部离生而呈篦齿状深裂，密被柔毛，边缘有腺毛。花单生或 2~3 朵集生；花梗、苞片、萼筒外面均密被柔毛；花瓣白色，倒卵形，先端微凹。蔷薇果球形，密被黄褐色柔毛。

【生境分布】生于沿海丘陵山上、路边。全省沿海各地常见分布。

【传统用药】果入药。甘，酸，平。补脾益肾，涩肠止泻，祛风湿，活血调经。用于腹泻，痢疾，风湿痹痛，月经不调。

【应用推介】沙岸、基岩海岸、丘陵灌木层，具一定的防风性能。常绿，枝叶带刺，花、果中型，形态好，具较好的观赏性，观花观果型植物。综合价值量化得分 69 分。

【附　　注】《福建植物志》记载本变种的中文名为糙茎硕苞蔷薇。本变种除具皮刺外，小枝密被针刺和腺毛，可与硕苞蔷薇区别。

24. 木麻黄

Casuarina equisetifolia L.

【科　　属】木麻黄科 Casuarinaceae 木麻黄属 *Casuarina*。

【植物识别】乔木。树皮暗褐色，纤维质，呈窄长条片剥落，内皮深红色。枝红褐色，节密集；小枝灰绿色，纤细，柔软下垂，节间短，节易折断。鳞片每轮通常 7 枚，少为 6 或 8 枚，淡绿色，近透明，披针形或三角形，紧贴小枝。花雌雄同株或异株；雄花序棒状圆柱形，有被白色柔毛的苞片；花被片 2；雌花序常顶生于侧生短枝上。球果状果序椭圆形，小坚果具翅。

【生境分布】栽种于沿海沙岸。全省沿海各地均有栽培，生长良好。

【传统用药】幼嫩枝叶或树皮入药。苦，微温。祛风除湿，散瘀行血，化痰止咳。用于风湿痹痛，腰痛，鹤膝风，跌打损伤，溃疡病出血，慢性支气管炎。

【现代研究】具细胞毒活性。

【应用推介】全省砂质海岸防护林的主要组成物种。综合价值量化得分 55 分。

【附　　注】《中国植物志》记载本种的拉丁学名为 *Casuarina equisetifolia* Forst.。

25. 变叶裸实 | 别名：细叶裸实、绣花针

Gymnosporia diversifolia Maxim.

【科　　属】卫矛科 Celastraceae 裸实属 *Gymnosporia*。

【植物识别】灌木或小乔木，高 1~3m。一年生至二年生小枝刺状，灰棕色，常被密点状锈褐色短刚毛；老枝光滑，有时有残留短毛。叶近革质，倒卵形、近阔卵圆形或倒披针形，形状大小均多变异，先端圆或钝，偶有浅内凹，基部楔形或渐窄下延成窄长楔形，稀近圆形，边缘有极浅圆齿。圆锥聚伞花序纤细，1 至数枝丛生刺枝上；花白色或淡黄色。蒴果扁倒心形，常 2 裂，红色或紫色。

【生境分布】生于沿海丘陵山上疏林中。分布于漳州（东山）、泉州（惠安、石狮）等地。

【传统用药】地上部分入药。化瘀，消肿，解毒。用于肿瘤。

【应用推介】丘陵地灌木。植株高度适中，分枝多，具刺，叶亮绿，果实心形、暗红色，可观叶观果。综合价值量化得分 62 分。

【附　　注】《中国植物志》记载本种为美登木属变叶美登木 *Maytenus diversifolius* (Maxim.) D. Hou。

26. 通奶草

Euphorbia hypericifolia L.

【科　　属】大戟科 Euphorbiaceae 大戟属 *Euphorbia*。

【植物识别】一年生草本，高 15~30cm，无毛或被少许短柔毛。茎近直立，常不分枝，少数由末端分枝。叶对生，狭长圆形或倒卵形，基部圆形，通常偏斜，不对称，边缘全缘或基部以上具细锯齿，上面深绿色，下面淡绿色，有时略带紫红色，两面被稀疏的柔毛，或上面的毛早脱落；托叶三角形。苞叶 2 枚，与茎生叶同形。花序数个簇生于叶腋或枝顶，无苞叶；总苞陀螺状，边缘 5 裂；腺体 4，边缘具白色或淡粉色附属物。雄花数枚，微伸出总苞外；雌花 1 枚，子房柄长于总苞；子房三棱状，无毛。

【生境分布】生于路旁或海边沙地。分布于漳州（东山、漳浦）、厦门（同安）、宁德（霞浦）等地。

【传统用药】全草入药。辛、苦，平。通乳，利尿，清热解毒。用于妇人乳汁不通，水肿，泄泻，痢疾，湿疹，烧烫伤。

【应用推介】砂质地地被植物。综合价值量化得分 27 分。

【附　　注】《福建植物志》记载本种的拉丁学名为 *Euphorbia indica* Lam.。

27. 海漆

Excoecaria agallocha L.

【科　　属】大戟科 Euphorbiaceae 海漆属 *Excoecaria*。

【植物识别】常绿乔木。叶互生，椭圆形或宽椭圆形，全缘或有不明显疏细齿，无毛；叶柄顶端有 2 枚圆形腺体。雌雄异株，聚集成腋生、单生或双生的总状花序；雄花 1 苞片内 1 花；雄蕊 3，常伸出萼片外；雌花花柱 3，分离，顶端外卷。蒴果球形，具 3 沟槽，分果爿尖卵形，顶端具喙。

【生境分布】生于滨海潮湿处。分布于莆田（秀屿）、福州（平潭）等地。

【传统用药】全株入药。辛，温；有毒。泻下，攻毒。用于便秘，皮肤顽固性溃疡，手足肿毒。

【现代研究】含二萜、酚苷类等活性成分。

【应用推介】海滩湿地、滩涂植物，防风固沙。叶色浓绿，稍革质，可观叶。综合价值量化得分 58 分。

28. 海边月见草

Oenothera drummondii Hook.

【科　　属】柳叶菜科 Onagraceae 月见草属 *Oenothera*。

【植物识别】一年生至多年生草本。茎多平铺，被白色或带紫色的曲柔毛与长柔毛。单叶，狭倒披针形、椭圆形或狭倒卵形，基部渐狭或骤狭至叶柄，边缘疏生浅齿至全缘，两面被白色或紫色的曲柔毛与长柔毛；茎生叶稀在下部呈羽裂状。花序穗状，疏生茎枝顶端，花瓣黄色，开放后期变粉橙色；花柱伸出花管，柱头开花时高过花药。蒴果圆柱状。

【生境分布】生于海边沙滩地。全省沿海各地沙滩均有分布，为广布种。

【传统用药】全草入药。清热解毒。用于牙痛、耳痛。

【现代研究】全草含黄酮等活性成分，种子油含不饱和脂肪酸等活性成分。具抗氧化的药理作用。

【应用推介】沙滩、沙岸匍蔓性地被植物，防风固沙。全省沙滩极易生长，常形成优势种群，在产出量上是较优的中草药资源。植株平铺沙面，花色艳丽、大，具有较强的观赏性。综合价值量化得分 61 分。

【附　　注】《福建植物志》记载本种的拉丁学名为 *Oenothera littaralis* Schlect.。

29. 车桑子 | 别名：坡柳、溪柳、毛乳

Dodonaea viscosa (L.) Jacq.

【科　　属】无患子科 Sapindaceae 车桑子属 *Dodonaea*。

【植物识别】灌木或小乔木。小枝扁，有狭翅或棱角，覆有胶状黏液。单叶，纸质，线形、线状匙形、线状披针形、倒披针形或长圆形。花序顶生或在小枝上部腋生，比叶短，密花，主轴和分枝均有棱角。蒴果倒心形或扁球形，2 或 3 翅；种皮膜质或纸质，有脉纹。

【生境分布】常生于干旱的山坡及海边沙土上。分布于福建省中部、南部。

【传统用药】叶入药；微苦、辛，平；清热利湿，解毒消肿；用于淋证，癃闭，皮肤瘙痒，痈肿疮疖，烫火伤。根入药；苦，寒；泻火解毒；用于牙痛，风毒流注。

【现代研究】含二萜、三萜、黄酮等活性成分。具抗菌、抗病毒、抗炎、杀虫等药理作用。

【应用推介】丘陵地灌木。易生长，防风。综合价值量化得分 57 分。

30. 黄槿 | 别名：黄木槿

Hibiscus tiliaceus L.

【科　　属】锦葵科 Malvaceae 木槿属 *Hibiscus*。

【植物识别】常绿灌木或小乔木，高达 10m。小枝无毛或疏被星状绒毛。叶近圆形或宽卵形，先端尖或短渐尖，基部心形，全缘或具细圆齿，上面幼时疏被星状毛，后渐脱落无毛，下面密被灰白色星状绒毛并混生长柔毛；托叶长圆形，早落。花单生叶腋或数朵花组成腋生或顶生总状花序；花冠钟形，黄色，内面基部暗紫色，花瓣 5，倒卵形，密被黄色柔毛。蒴果卵圆形，被绒毛，果爿 5，木质。

【生境分布】生于砂质地路旁。全省沿海各地均有分布。

【传统用药】叶、树皮或花入药。甘、淡，微寒。清肺止咳，解毒消肿。用于肺热咳嗽，疮疖肿痛，食木薯中毒。

【现代研究】含黄酮、三萜、倍半萜、酰胺类、挥发油和脂肪酸等活性成分。具抗氧化、抗炎、镇痛、止血等药理作用。

【应用推介】丘陵地或海边污泥地乔木，后层防护林物种。花色艳，可观花。叶片含丰富的淀粉和维生素类成分，可作为蔬菜食用。综合价值量化得分 60 分。

31. 蛇婆子 | 别名：和他草、仙人抛网、倒枝梅

Waltheria indica L.

【科　　属】锦葵科 Malvaceae 蛇婆子属 *Waltheria*。

【植物识别】略直立或匍匐状亚灌木，多分枝。小枝密被柔毛。叶卵形或长椭圆状卵形，先端钝，基部圆或浅心形，边缘有小齿，两面密被柔毛。聚伞花序腋生，头状；花瓣 5，淡黄色，匙形，先端平截，比萼略长；雄蕊 5，花丝合生成筒状，包围雌蕊；柱头流苏状。蒴果倒卵圆形，2 瓣裂，被毛，为宿存花萼所包，内有 1 种子。

【生境分布】生于山野间向阳草坡上、海边、丘陵地等。全省沿海各地均有分布。

【传统用药】根和茎入药。辛、微甘，微寒。祛风利湿，清热解毒。用于风湿痹证，咽喉肿痛，湿热带下，痈肿瘰疬。

【现代研究】含萜类、香豆素、黄酮、生物碱等活性成分。对体外氮氧化物具有抑制活性；蛇床子碱乙低剂量能导致低温、镇静，高剂量则引起兴奋，对小鼠的半数致死量为 52.5mg/kg。

【应用推介】砂质地匍蔓性地被植物，固沙。综合价值量化得分 58 分。

【附　　注】本种原属于梧桐科 Sterculiaceae。

32. 补血草 ｜ 别名：中华补血草、海滩地榆、海芙蓉

Limonium sinense (Girard) Kuntze

【科　　属】白花丹科 Plumbaginaceae 补血草属 *Limonium*。

【植物识别】多年生草本，高达 60cm。茎基粗，呈多头状。叶基生，花期不落；叶柄宽，基部渐窄。花茎 3~5（~10）生于叶丛，花序轴及分枝具 4 棱角；伞房花序或圆锥花序；穗状花序具 2~6（~11）小穗，穗轴二棱形，小穗具 2~3（4）花；萼漏斗状，萼檐白色部分不到萼的中部；花冠黄色。蒴果。

【生境分布】生于近海边的沙地、沙滩、海滩地及盐碱地上。全省沿海各地均有分布。

【传统用药】根入药。苦、微咸，凉。清热，利湿，止血，解毒。用于湿热便血，脱肛，血淋，月经过多，白带异常，痈肿疮毒。

【现代研究】含黄酮等活性成分。

【应用推介】沙滩地被观花植物，固沙。其花序大而多花，花萼上部白色，花冠黄色，观赏价值较高。综合价值量化得分 43 分。

【附　　注】《福建植物志》记载本种为蓝雪科 Plumbaginaceae 植物中华补血草。

33. 长叶茅膏菜

Drosera indica L.

【科　　属】茅膏菜科 Droseraceae 茅膏菜属 *Drosera*。

【植物识别】一年生直立或匍匐状草本，高达 38cm。茎被短腺毛。叶互生，线形，扁平，长 2~12cm，被长腺毛。花序腋生或与叶近对生；花瓣 5，白色、淡红色或紫红色；雄蕊 5。蒴果倒卵圆形，3 瓣裂。

【生境分布】生于海滩地、旷野、水田边、路旁草丛中。分布于漳州（诏安、云霄）、泉州（惠安）、福州（平潭）等地。

【传统用药】全草入药。祛风止痛，活血，解毒。用于风湿痹痛；外用于跌打损伤，疮痈初起，中耳炎，瘾疹，荨麻疹。

【应用推介】砂质地、海滩地被草本，适合于水边湿地成片生长，固沙。叶的特殊形态具一定的观赏性。综合价值量化得分 28 分。

34. 白鼓钉 | 别名：白头翁、辛苦草、蜉仔草

Polycarpaea corymbosa (Linnaeus) Lamarck

【科　　属】石竹科 Caryophyllaceae 白鼓钉属 *Polycarpaea*。

【植物识别】一年生或多年生草本，高达 35cm。茎中上部分枝，被白色柔毛。叶近轮生，线形或针形，长 1.5~2cm，宽约 1mm，先端尖；托叶卵状披针形，长 2~4mm，干膜质。花长约 2.5mm，乳白色或稍红；花梗细，被白色柔毛；苞片披针形，长于花梗，透明，膜质；萼片披针形，长 2~3mm，膜质；花瓣宽卵形，长不及萼片的 1/2；雄蕊短于花瓣。蒴果褐色，卵球形，长不及宿萼的 1/2。

【生境分布】生于滨海空旷砂质地。分布于漳州（东山）。

【传统用药】全草入药。淡，凉。清热解毒，利湿，化积。用于暑湿泄泻，痢疾，小便淋痛，腹水，小儿疳积，痈疽肿毒。

【应用推介】砂质地草本层。株形较为松散，固沙或观赏均需要较多的植株数量。综合价值量化得分 28 分。

35. 海滨藜

Atriplex maximowicziana Makino

【科　　属】苋科 Amaranthaceae 滨藜属 *Atriplex*。

【植物识别】灌木，高达 1m，全株密被粉粒。茎直立，多分枝，圆柱形，有微条棱。叶互生，菱状卵形或卵状长圆形，先端具短尖头，基部宽楔形至楔形并下延成短柄，上面灰绿色，下面灰白色，边缘常 3 浅裂，中裂片边缘常微波状。雌雄花混合成簇，腋生，于枝端集成紧缩的穗状圆锥花序。胞果扁，两面稍凸，近圆形；果皮膜质，淡黄色，与种子贴伏。

【生境分布】生于海滩沙地。分布于漳州（东山）、厦门（同安）、福州（福清、平潭）等地。

【传统用药】全草入药。淡，凉。利水消肿。用于水肿。

【应用推介】沙滩草本层植物，固沙。全株密被白色粉粒、叶色灰白，可作为配色物种。综合价值量化得分 54 分。

【附　　注】本种原属于藜科 Chenopodiaceae。

36. 匍匐滨藜 | 别名：海芙蓉、海归母、沙马藤

Atriplex repens Roth

【科　　属】苋科 Amaranthaceae 滨藜属 *Atriplex*。

【植物识别】小灌木，高 20~50cm。茎外倾或平卧，下部常生有不定根；枝互生，有时常带紫红色，具微条棱。叶互生，叶片宽卵形至卵形，肥厚，全缘，两面均为灰绿色，有密粉。花于枝的上部集成有叶的短穗状花序；雄花花被锥形，4~5 深裂；雌花苞片果时三角形至卵状菱形，边缘具不整齐锯齿，仅近基部的边缘合生，靠基部的中心部木栓质臌胀，黄白色，中线两侧常常各有 1 个向上的突出物。胞果扁，卵形，果皮膜质。种子红褐色至黑色。

【生境分布】生于海滨空旷沙地。全省沿海各地均有分布。

【传统用药】全草入药。微苦，凉。祛风除湿，活血通经，解毒消肿。用于风湿痹痛，带下病，月经不调，疮疡痈疽，皮炎。

【现代研究】具抗肿瘤的药理作用。

【应用推介】观叶型沙滩匍蔓性地被植物，固沙。其叶色灰绿，可用于地被配色；同时也是良好的牧草，各种牲畜均喜食其嫩枝叶。综合价值量化得分 54 分。

【附　　注】本种原属于藜科 Chenopodiaceae。

37. 南方碱蓬

Suaeda australis (R. Br.) Moq.

【科　　属】苋科 Amaranthaceae 碱蓬属 *Suaeda*。

【植物识别】小灌木，高达 50cm。茎多分枝，下部常生不定根。叶线形，半圆柱状，粉绿色或带紫红色。团伞花序含花 1~5 朵，簇生叶腋。花被顶基稍扁，稍肉质，5 深裂，绿色或带紫红色，果时增厚。胞果扁，近圆形。

【生境分布】生于海滩沙地、红树林林缘。全省沿海各地均有分布。

【现代研究】含黄酮等活性成分。具抗氧化等药理作用。

【应用推介】潮水能到达的海滩与湿地草本层植物，常成片群生，固沙。植株茎、叶在盐碱度较高的生境下呈现紫红色，具有一定的观赏性。种子含蛋白质 19% 左右，可制作成饲料添加剂。综合价值量化得分 56 分。

【附　　注】本种原属于藜科 Chenopodiaceae。

38. 海马齿

Sesuvium portulacastrum (L.) L.

【科　　属】番杏科 Aizoaceae 海马齿属 *Sesuvium*。

【植物识别】多年生肉质草本。茎平卧或匍匐，长达 50cm，绿色或红色，被白色瘤点，多分枝，节上生根。叶线状倒披针形或线形，中部以下渐窄成短柄状，基部宽，边缘膜质，抱茎。花单生叶腋；花被裂片 5，卵状披针形，外面绿色，内面红色，边缘膜质；雄蕊 15~40。蒴果卵球形，长不超过花被，中部以下环裂。

【生境分布】生于海边沙滩地。分布于漳州（云霄）、厦门（同安）、泉州（惠安）、福州（平潭）等地。

【现代研究】含多种必需氨基酸；粗蛋白含量占干物质 14% 左右，高于海带（8.2%）与陆地蔬菜（绿叶类平均 1.8%、果菜类 0.91%、根茎类 1.4%）。

【应用推介】海滩、湿地草本层植物，防风固沙。全株肉质，叶形态较特殊，具一定的观赏性。此外，本种营养成分较全面，可适当作为蔬菜进行种植开发。综合价值量化得分 42 分。

39. 番杏

Tetragonia tetragonioides (Pall.) Kuntze

【科　　属】番杏科 Aizoaceae 番杏属 *Tetragonia*。

【植物识别】一年生肉质草本，高达 60cm；无毛，表皮细胞内有针晶体，呈颗粒状凸起。茎初直立，后平卧上升。叶卵状菱形或卵状三角形，边缘波状。花单生或 2~3 朵簇生叶腋；花梗长 2mm；花被筒长 2~3mm，裂片（3）4（5），内面黄绿色；雄蕊 4~13。坚果陀螺形，长约 5mm，具钝棱，4~5 个角，花被宿存。

【生境分布】生于海滩沙地。全省沿海地区均有栽培，现多逸为野生。

【传统用药】全草入药。甘、微辛，平。疏风清热，解毒消肿。用于风热目赤，疔疮肿痛，肠炎，败血症，肿瘤。

【应用推介】观叶型沙滩地被植物，固沙。栽培嫩叶可食。叶肉质，翠绿色，叶面颗粒状亮白，具一定的观赏性。综合价值量化得分 41 分。

40. 黄细心

Boerhavia diffusa L.

【科　　属】紫茉莉科 Nyctaginaceae 黄细心属 *Boerhavia*。

【植物识别】多年生蔓性草本，长达 2m。根肉质。茎无毛或疏被短柔毛。叶卵形，叶缘微波状，两面疏被柔毛。头状聚伞圆锥花序顶生；花梗短或近无梗；花被淡红色或紫色，花被筒上部钟形，疏被柔毛，顶端皱褶，5 浅裂，下部倒卵形；雄蕊 1~3（4~5）。果棍棒状，具 5 棱及黏腺体，疏被柔毛。

【生境分布】生于旷野草地或路边。分布于厦门（同安）、莆田（秀屿）等地。

【传统用药】根入药。苦、辛，温。活血散瘀，强筋骨，调经，消疳。用于跌打损伤，筋骨疼痛，月经不调，小儿疳积。

【现代研究】具保肝等药理作用。

【应用推介】沙滩匍蔓性地被植物，固沙。综合价值量化得分 47 分。

41. 毛马齿苋 | 别名：多毛马齿苋

Portulaca pilosa L.

【科　　属】马齿苋科 Portulacaceae 马齿苋属 *Portulaca*。

【植物识别】一年生或多年生草本，高 5~20cm。茎密丛生，铺散，多分枝。叶近圆柱状线形或钻状狭披针形，腋内有长疏柔毛，茎上部较密。花无梗，围以 6~9 片轮生叶，密生长柔毛；花瓣 5，膜质，红紫色，宽倒卵形，顶端钝或微凹，基部合生；雄蕊 20~30，花丝洋红色。蒴果卵球形，蜡黄色，有光泽，盖裂。

【生境分布】生于山坡岩缝中，性耐干旱，喜阳光，有时也能生于海边沙滩上。全省沿海各地均有分布。

【传统用药】全草入药。甘，微寒。清热利湿，解毒。用于湿热痢疾，疮疖。

【应用推介】砂质地地被植物。全株肉质，花色鲜艳，具观赏价值。综合价值量化得分 45 分。

【附　　注】《福建植物志》记载本种的中文名为多毛马齿苋。

42. 单刺仙人掌 | 别名：少刺仙人掌

Opuntia monacantha (Willd.) Haw.

【科 属】仙人掌科 Cactaceae 仙人掌属 *Opuntia*。

【植物识别】肉质灌木或小乔木，高达 7m。老株常具圆柱状主干；分枝扁平，鲜绿而有光泽，无毛，疏生小窠；小窠圆形；刺针状，单生或 2（3）聚生，直立，灰色，具黑褐色尖头。花辐状，黄色。浆果梨形或倒卵球形，顶端凹下，某部窄缩成柄状，无毛，紫红色，每侧具 10~15（~20）个突起小窠。

【生境分布】生于海边或山坡开旷地。分布于漳州（东山、云霄）、福州（长乐、平潭）等地。

【现代研究】具抑菌、抗氧化等药理作用。

【应用推介】沙滩、砂质地灌木。植株肉质，花色鲜艳、较大，成小片生长，兼具防风固沙生态功能与观赏性。综合价值量化得分 64 分。

【附 注】《福建植物志》记载本种为少刺仙人掌 *Opuntia vulgaris* Mill.。

43. 海杧果 ｜ 别名：海椰子

Cerbera manghas L.

【科　　属】夹竹桃科 Apocynaceae 海杧果属 *Cerbera*。

【植物识别】乔木，全株具丰富乳汁。树皮灰褐色；枝条粗厚，绿色，具不明显皮孔，无毛。叶厚纸质，倒卵状长圆形或倒卵状披针形，中脉和侧脉在叶面扁平，在叶背凸起，侧脉在叶缘前网结。花白色，直径约 5cm，芳香；花萼裂片不等大，向下反卷，黄绿色；花冠筒圆筒形，内面被长柔毛，喉部染红色，具 5 枚被柔毛的鳞片；雄蕊着生在花冠筒喉部。核果双生或单个，阔卵形或球形，成熟时橙黄色。

【生境分布】生于海边或近海湿润处。分布于漳州（东山）、厦门（思明）、泉州（惠安）等地，引种栽培。

【传统用药】种子入药；有毒；用于外科膏药或麻醉药。树液入药；有毒；催吐，泻下，堕胎。

【现代研究】含挥发油、有机酸、强心苷、环烯醚萜、黄酮、木脂素等活性成分。具强心作用，毒性大。

【应用推介】海边低潮带防潮树种。叶深绿色，花多，美丽芳香，可观叶观花。但此种全株有毒，特别是果实较大，在种植应用中，应注意切勿误食。综合价值量化得分 57 分。

44. 肾叶打碗花 | 别名：滨旋花

Calystegia soldanella (L.) R. Br.

【科　　属】旋花科 Convolvulaceae 打碗花属 *Calystegia*。

【植物识别】多年生蔓生草质藤本，节上生根。茎具细棱或偶具窄翅。叶质厚，肾形，全缘或浅波状。花单生叶腋；花梗长于叶柄；花冠淡红色，宽漏斗形，冠檐微裂。蒴果卵球形。

【生境分布】生于沙滩上。全省沿海各地均有分布。

【传统用药】根入药。微苦，温。祛风湿，利水，化痰止咳。用于风湿痹痛，水肿，咳嗽痰多。

【现代研究】含黄酮等活性成分。

【应用推介】沙滩地被植物，固沙。叶肾形，花色在沙滩上较为艳丽，具备较好的观赏性。综合价值量化得分 57 分。

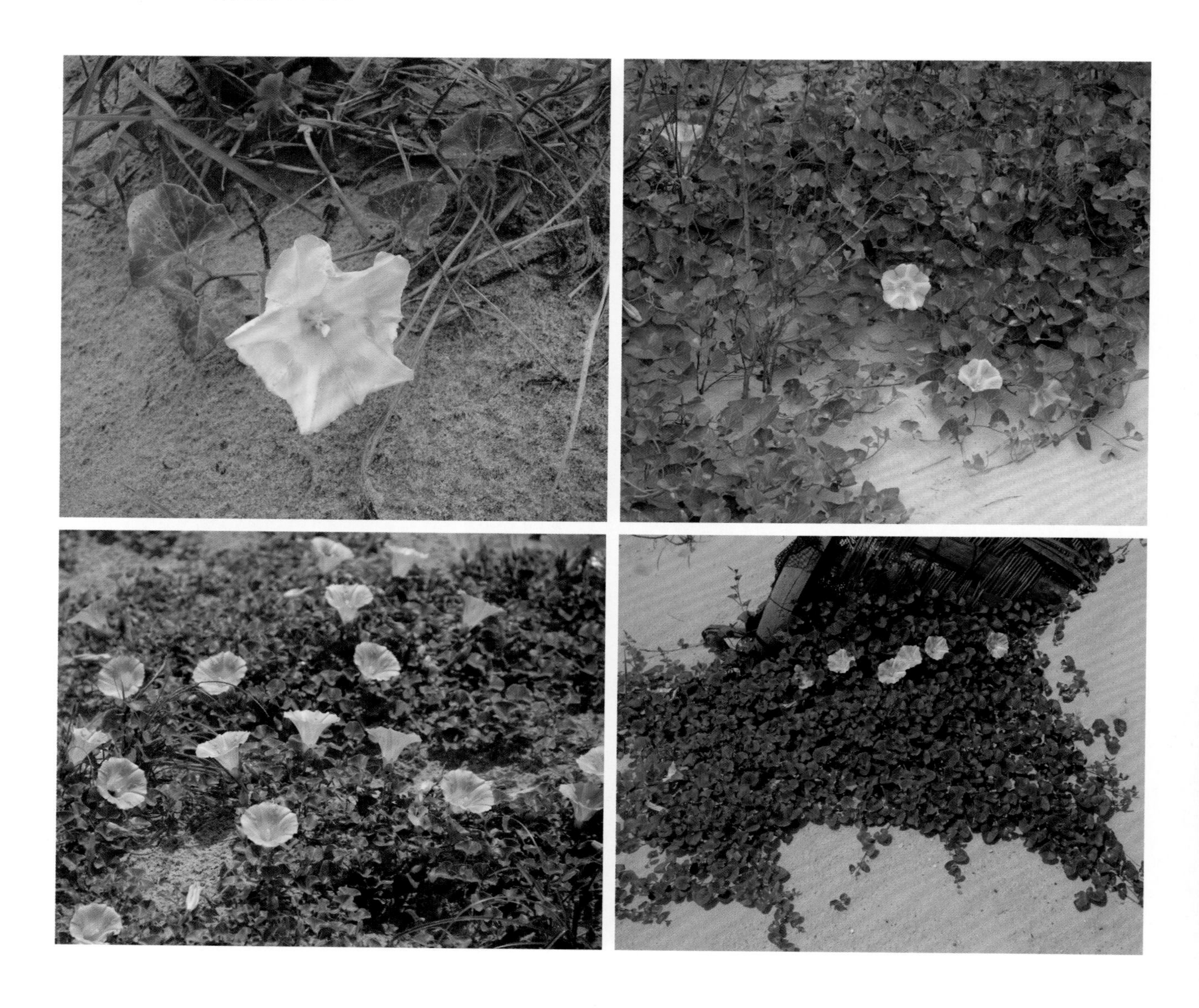

45. 土丁桂 | 别名：过饥草、鹿衔草、小毛将军

Evolvulus alsinoides (L.) L.

【科　　属】旋花科 Convolvulaceae 土丁桂属 *Evolvulus*。

【植物识别】多年生草本，全体被贴生毛。茎平卧或上升，细长。叶长圆形、椭圆形或匙形，长 1~2.5cm，宽 5~10mm，先端钝及具小短尖，有时上面少毛至无毛；叶柄短至近无柄。总花梗丝状；花单一或数朵组成聚伞花序；苞片线状钻形至线状披针形；萼片披针形，锐尖或渐尖，长 3~4mm，被长柔毛；花冠辐状，直径 7~8（~10）mm，蓝色，少白色；雄蕊 5，贴生于花冠管基部。蒴果球形，无毛，4 瓣裂；种子，黑色，平滑。

【生境分布】生于砂质土的空旷地。全省沿海各地均有分布。

【传统用药】全草入药。甘、微苦，凉。清热，利湿，解毒。用于黄疸，痢疾，淋浊，带下病，疔肿，疥疮。

【现代研究】全草含黄酮苷、酚类、氨基酸、糖类等活性成分。具清除体内自由基、抗氧化、促排便、保肝、减慢心率等药理作用。

【应用推介】砂质地观叶型地被植物。全株被银白色柔色，可作地被草本层配色。综合价值量化得分 53 分。

【附　　注】本种生于内陆则茎上节疏而长，茎上柔毛较少、稀；生于沿海砂质地则节间呈现短缩趋势，且茎上柔毛多、密，柔毛银白色，色泽度渐高，叶形逐渐小而较圆。沿海居群与圆叶土丁桂 *Evolvulus alsinoides* (L.) L. var. *rotundifolius* Hayata ex van Ooststroom 之间出现过渡中间型。

46. 假厚藤 | 别名：海滩牵牛

Ipomoea imperati (Vahl) Grisebach

【科　　属】旋花科 Convolvulaceae 虎掌藤属 *Ipomoea*。

【植物识别】多年生蔓生草质藤本，节上生根。叶肉质，干后厚纸质，叶形多样，通常长圆形，也有线形、披针形、卵形，顶端有时钝或通常微凹以至 2 裂，全缘或波状，中部常收缩，或 3~5 裂，具卵形至长圆形的大的中裂片和较小的侧裂片，侧脉 4~5 对，纤细，在两面均稍下陷，网脉不明显。聚伞花序腋生，具花 1 朵或有时 2~3 朵；花冠白色，漏斗状；雄蕊和花柱内藏。蒴果近球形，2 室，4 瓣裂。

【生境分布】生于沿海沙滩或沙丘上。全省沿海各地均有分布。

【现代研究】乙醇提取物具抗寄生虫活性，甲醇 – 水提取物具抗炎、解痉等药理作用。

【应用推介】沙滩观花型地被植物，固沙。综合价值量化得分 58 分。

【附　　注】《中国植物志》《福建植物志》记载本种属于番薯属 *Ipomoea* 植物，拉丁学名为 *Ipomoea stolonifera* (Cyrillo) J. F. Gmel.。

47. 厚藤 | 别名：二叶红薯、马鞍藤、鲎藤

Ipomoea pes-caprae (L.) R. Brown

【科　　属】旋花科 Convolvulaceae 虎掌藤属 *Ipomoea*。

【植物识别】多年生蔓生草质藤本。叶肉质，干后厚纸质，卵形、椭圆形、圆形、肾形或长圆形，顶端微缺或 2 裂，基部阔楔形、截平至浅心形，在叶背近基部中脉两侧各有 1 枚腺体，侧脉 8~10 对。多歧聚伞花序，腋生，有时仅 1 朵发育；花冠紫色或深红色，漏斗状；雄蕊和花柱内藏。蒴果球形，2 室，果皮革质，4 瓣裂。种子三棱状圆形，密被褐色绒毛。

【生境分布】生于海滨沙滩上，也生于堤岸上。全省沿海各地均有分布。

【传统用药】全草或根入药。辛、苦，微寒。祛风除湿，消痈散结。用于风湿痹痛，痈疽，疔毒，乳痈，痔漏。

【现代研究】含树脂糖苷、萜类、黄酮、酚酸、挥发油、甾体等活性成分。具抗肿瘤、抗菌、抗炎、镇痛、抗胶原酶、抗氧化、免疫调节等药理作用。

【应用推介】省内沙滩前缘优势种，地被藤本植物，防风固沙。可观叶观花。综合价值量化得分 63 分。

【附　　注】《中国植物志》《福建植物志》记载本种属于番薯属 *Ipomoea* 植物，拉丁学名为 *Ipomoea pes-caprae* (Linn.) Sweet。

48. 枸杞 | 别名：苦杞、地骨、红耳坠

Lycium chinense Miller

【科　　属】茄科 Solanaceae 枸杞属 *Lycium*。

【植物识别】多分枝灌木。枝条细弱，弯曲或俯垂，淡灰色，具纵纹，小枝顶端呈棘刺状。单叶互生。花在长枝上 1~2 朵腋生；花萼常 3 中裂或 4~5 齿裂，具缘毛；花冠漏斗状，淡紫色，冠筒向上骤宽，较冠檐裂片稍短或近等长，5 深裂，裂片平展或稍反曲，具缘毛，基部耳片显著；雄蕊稍短于花冠。浆果卵圆形，红色。

【生境分布】多生于山坡荒地、丘陵地、村边路旁及海边盐碱地。全省各地均有分布。

【传统用药】根皮入药（地骨皮）；甘，寒；清虚热，泻肺火，凉血；用于阴虚潮热，骨蒸盗汗，小儿疳积发热，肺热喘咳，吐血，衄血，尿血，内热消渴。嫩茎叶入药；苦、甘，凉；补虚益精，清热明目；用于虚劳发热，烦渴，目赤昏痛，障翳夜盲，崩漏带下，热毒疮肿。

【应用推介】砂质地灌木，水土保持物种。枝条分散，分枝多，花、果颜色鲜艳，可作为滨海公园绿篱植物。砂质地栽培资源可作为根类中药材合理开发。综合价值量化得分 62 分。

49. 假马齿苋

Bacopa monnieri (L.) Wettst.

【科　　属】车前科 Plantaginaceae 假马齿苋属 *Bacopa*。

【植物识别】匍匐草本，节上生根，多少肉质，无毛，体态极像马齿苋。叶无柄，长圆状倒披针形。花单生叶腋；花冠蓝色、紫色或白色，不明显二唇形，上唇 2 裂；雄蕊 4；柱头头状。蒴果长卵圆状，顶端急尖，包在宿存花萼内，4 爿裂。

【生境分布】生于海滩、水边及湿地。分布于漳州（云霄、漳浦）、厦门（同安）、福州（长乐、平潭）等地。

【传统用药】全草入药。微甘、淡，寒。清热凉血，解毒消肿。用于痢疾，目赤肿痛，痔疮肿痛，象皮肿。

【现代研究】含三萜及其苷类、黄酮、苯乙醇苷、甾醇等活性成分。具抗炎、镇痛、抗氧化、降血糖、抗肿瘤、抗菌、保护肝肾等药理作用。

【应用推介】沙滩低潮带地被植物，固沙。叶色翠绿，花色鲜艳，具观赏性。综合价值量化得分 50 分。

【附　　注】本种原属于玄参科 Scrophulariaceae，《福建植物志》记载其拉丁学名为 *Bacopa monnieri* (L.) Pennell。

50. 苦槛蓝 | 别名：苦蓝盘

Pentacoelium bontioides Siebold & Zuccarini

【科　　属】玄参科 Scrophulariaceae 苦槛蓝属 *Pentacoelium*。

【植物识别】常绿灌木，高 1~2m。茎直立，多分枝，小枝具略突出的圆形叶痕，淡褐色。叶互生，无毛；叶片软革质，稍多汁，狭椭圆形、椭圆形至倒披针状椭圆形。聚伞花序具花 2~4 朵，或为单花，腋生，无总梗；花萼 5 深裂；花冠漏斗状钟形，略反曲，5 裂，白色，有紫色斑点，外面无毛，内面从裂片下方至筒部散生短柔毛；雄蕊着生于冠筒内面基部上方约 1cm 处。核果卵球形，先端有小尖头，熟时紫红色，多汁，无毛，干后具 5~8 条纵棱，内含 5~8 个种子。

【生境分布】生于海边潮界线以上的沙滩地。分布于漳州（东山、龙海、诏安）、厦门（同安）、泉州（惠安）、莆田（秀屿）、福州（长乐、平潭）等地。

【传统用药】根或茎叶入药。润肺止咳，祛风湿。用于肺痨，风湿病。

【现代研究】含黄酮、挥发油等活性成分。具抗菌等药理作用。

【应用推介】海滩湿地、滩涂防风固沙植物。株形美观，高度适中，叶色浓绿，适合作滨海公园绿篱植物。综合价值量化得分 66 分。

【附　　注】本种原属于苦槛蓝科 Myoporaceae，《中国植物志》《福建植物志》记载其拉丁学名为 *Myoporum bontioides* (Sieb. et Zucc.) A. Gray。

51. 海榄雌 | 别名：海茄冬

Avicennia marina (Forsk.) Vierh.

【科　　属】爵床科 Acanthaceae 海榄雌属 *Avicennia*。

【植物识别】灌木，高可达 6m。小枝具四棱。叶革质，椭圆形或卵形，叶背被柔毛，全缘。头状花序；花萼被绒毛；花小，直径约 5mm，花冠黄褐色，4 裂，裂片被绒毛。果近球形，被毛。

【生境分布】生长于海边和盐沼地带。分布于漳州（芗城、云霄）、厦门（同安）、泉州（惠安）、福州（长乐）等地。

【传统用药】果实入药。用于痢疾。

【现代研究】含黄酮等活性成分。

【应用推介】海滩湿地、滩涂灌木层植物，防风固沙。综合价值量化得分 52 分。

【附　　注】本种原属于马鞭草科 Verbenaceae。

52. 马缨丹 | 别名：打碗花、五色梅、红花刺

Lantana camara L.

【科　　属】马鞭草科 Verbenaceae 马缨丹属 *Lantana*。

【植物识别】直立或蔓性灌木，有时藤状。茎枝均呈四方形，有短柔毛，常有短而倒钩状刺。单叶对生，有强烈气味；叶片卵形至卵状长圆形，边缘有钝齿，表面有粗糙的皱纹和短柔毛，背面有小刚毛。花序直径 1.5~2.5cm；花序梗粗壮，长于叶柄；花萼管状；花冠黄色或橙黄色，开花后不久转为深红色，花冠管长约 1cm，两面有细短毛。果实圆球形，成熟时紫黑色。

【生境分布】生于海边沙滩和空旷地区。全省各地均有分布，主要分布于沿海各地。

【传统用药】花入药；苦、微甘，凉；有毒；清热，止血；用于肺痨咯血，腹痛吐泻，湿疹，阴痒。叶入药；辛、苦，凉；有毒；清热解毒，祛风止痒；用于痈肿毒疮，湿疹，疥癣，皮炎，跌打损伤。根入药；苦，寒；清热泻火，解毒散结；用于感冒发热，伤暑头痛，胃火牙痛，咽喉炎，痄腮，风湿痹痛，瘰疬痰核。

【现代研究】含脂类、挥发油、黄酮等活性成分。具抗炎、镇痛、增强免疫、抗肿瘤、抗氧化等药理作用。

【应用推介】砂质海岸绿篱植物。植株具特殊气味，花色鲜艳，具一定观赏性。但本种生长迅速，需注意控制占地率。综合价值量化得分 58 分。

53. 过江藤 ｜ 别名：蓬莱草、过江龙、凤梨痛

Phyla nodiflora (L.) E. L. Greene

【科　　属】马鞭草科 Verbenaceae 过江藤属 *Phyla*。

【植物识别】多年生蔓生草质藤本，全株被平伏“丁”字毛。宿根木质，多分枝。叶匙形、倒卵形或披针形，中部以上的边缘具锐齿，近无柄。穗状花序腋生，卵圆形或圆柱形；花冠白色、粉红色或紫红色。果实为花萼所包藏，淡黄色。

【生境分布】生于河边、海边、堤岸等潮湿地。分布于漳州（漳浦）、泉州（丰泽、石狮）、莆田（秀屿）、福州（福清、平潭）等地。

【传统用药】全草入药。微苦，凉。清热，解毒。用于咽喉肿痛，牙疳，泄泻，痢疾，痈疽疮毒，带状疱疹，湿疹疥癣。

【现代研究】含环己烯酮与环己二烯酮衍生物、酚酸、三萜、甾醇、黄酮及黄酮硫酸盐等活性成分。具抗尿路结石、抗高尿酸血症、保肝等药理作用。

【应用推介】沙滩匍蔓性地被植物，固沙。叶小，在沙地上常呈肉质，平缓沙滩与沙岸草地可成片舒展铺开，具有较好的观赏性。综合价值量化得分 61 分。

54. 苦郎树 | 别名：苦蓝盘、假茼莉、飞轮篡

Clerodendrum inerme (L.) Gaertn.

【科 属】唇形科 Lamiaceae 大青属 *Clerodendrum*。

【植物识别】直立或攀缘灌木，根、茎、叶有苦味。幼枝四棱，被短柔毛。叶卵形、椭圆形或椭圆状披针形，两面疏被黄色腺点，微反卷。聚伞花序通常由 3 朵花组成，少为 2 次分歧，芳香；花萼钟状，被柔毛，具 5 微齿，果时近平截；花冠白色，5 裂，冠筒疏被腺点；雄蕊伸出，花丝紫红。核果倒卵圆形或近球形，灰黄色。

【生境分布】常生于海岸沙滩和潮汐可至之地。分布于漳州（东山、云霄）、厦门（同安、思明）、福州（长乐、平潭）等地。

【传统用药】枝、叶入药；苦、微辛，寒；有毒；祛瘀止血，燥湿杀虫；用于跌打损伤，血瘀肿痛，内伤出血，外伤出血，疮癣疥癞，湿疹瘙痒。根入药；苦，寒；清热燥湿，活血消肿；用于风湿热痹，肢软乏力，流行性感冒，跌打肿痛。

【应用推介】基岩海岸、沙滩和潮汐所到之处作为防沙造林树种。植株披散，生长快，花序多花、花白，可作绿化观花植物。综合价值量化得分 73 分。

【附 注】本种原属于马鞭草科 Verbenaceae。

55. 单叶蔓荆　｜　别名：番仔埔姜、万京子、海牡荆

Vitex rotundifolia Linnaeus f.

【科　　属】唇形科 Lamiaceae 牡荆属 *Vitex*。

【植物识别】蔓生灌木，全株具浓厚香味；节处常生不定根。单叶对生，叶片倒卵形或近圆形，上面灰绿色，下面灰白色。总状花序，花冠蓝色，二唇形，二强雄蕊。蒴果圆球形，具宿萼，具浓香。

【生境分布】生于海边沙滩地。全省沿海各地沙滩、沙岸均有分布。

【传统用药】果实入药（蔓荆子）。辛、苦，微寒。疏散风热，清利头目。用于外感风热，头昏头痛，偏头痛，牙龈肿痛，目赤肿痛多泪，目睛内痛，湿痹拘挛。

【现代研究】含黄酮、挥发油等活性成分。

【应用推介】沙滩匍蔓性灌木，固沙。可作为果实类中药材合理采摘。其叶背灰白，芳香，总状花序多花，色艳，是优良的沙滩高潮带防风固沙物种。茎皮纤维可以造纸，枝条可编制各种容器。叶和果实含有芳香油，香气特浓，可用于调和香精。综合价值量化得分 76 分。

【附　　注】本种原属于马鞭草科 Verbenaceae，《中国植物志》《福建植物志》记载其拉丁学名为 *Vitex trifolia* Linn. var. *simplicifolia* Cham.。

56. 草海桐

Scaevola taccada (Gaertner) Roxburgh

【科　　属】草海桐科 Goodeniaceae 草海桐属 *Scaevola*。

【植物识别】直立或铺散灌木，有时枝上生根，或为小乔木，高可达 7m；茎中空，通常无毛，但叶腋里密生一簇白色须毛。叶螺旋状排列，大部分集中于分枝顶端，无柄或具短柄，匙形至倒卵形，稍肉质。聚伞花序腋生；苞片和小苞片小，腋间有一簇长须毛；花梗与花之间有关节；花冠白色或淡黄色，筒部细长，后方开裂至基部，内面密被白色长毛。核果卵球状，白色而无毛或有柔毛。

【生境分布】生于海边，通常在开旷的海边砂地上或海岸峭壁上。分布于漳州（东山、云霄、漳浦）、泉州（惠安、石狮）等地。

【传统用药】叶入药。用于扭伤，风湿关节痛。

【现代研究】含挥发油等活性成分。具抑菌药理作用。

【应用推介】砂质地、基岩海岸绿化物种。株形铺散，茎干多分枝，优美；叶大、亮绿；花虽小但形态特殊，观赏价值较高。综合价值量化得分 71 分。

【附　　注】《中国植物志》记载本种的拉丁学名为 *Scaevola sericea* Vahl。

57. 茵陈蒿 | 别名：茵陈、绵茵陈、白茵陈

Artemisia capillaris Thunb.

【科　　属】菊科 Asteraceae 蒿属 *Artemisia*。

【植物识别】亚灌木状草本，植株有浓香。茎、枝初密被灰白色或灰黄色绢质柔毛。枝端有密集叶丛，基生叶常呈莲座状；基生叶、茎下部叶与营养枝叶两面均被棕黄色或灰黄色绢质柔毛；下部叶与中部叶卵圆形或卵状椭圆形，二回羽状全裂，小裂片线形或线状披针形，细直；上部叶与苞片叶羽状 5 全裂或 3 全裂。头状花序卵圆形在分枝的上端或小枝端偏向外侧生长，排成复总状花序，在茎上端组成大型、开展的圆锥花序；总苞片淡黄色，无毛；雌花 6~10；两性花 3~7。瘦果长圆形或长卵圆形。

【生境分布】生于山坡路旁草丛中、溪河边、空旷地及海滩边沙地。全省各地均有分布，沿海各地尤多。

【传统用药】地上部分入药（茵陈）。苦、辛，微寒。清利湿热，利胆退黄。用于黄疸尿少，湿温暑湿，湿疮瘙痒。

【现代研究】 含挥发油等活性成分。

【应用推介】 砂质地亚灌木，防风固沙。可于砂质地开发栽培种植，清明前后采收嫩叶作为叶类中药材合理开发。综合价值量化得分 59 分。

58. 台湾假还阳参

Crepidiastrum taiwanianum Nakai

【科　　属】菊科 Asteraceae 假还阳参属 *Crepidiastrum*。

【植物识别】根粗长，根颈有褐色长柔毛。基生叶莲座状，匙状长圆形，基部渐狭成柄，边缘有圆锯齿。头状花序呈伞房花序状排列。总苞片 2 层；舌状花黄色。瘦果有 10 条纵肋，冠毛褐色。

【生境分布】生于丘陵砂质土空旷地、路旁等。分布于泉州（惠安、石狮）、福州（平潭）等地。

【传统用药】根入药。祛风除湿，清热消肿。

【应用推介】砂质地观叶观花地被植物。基生叶密集，莲座状，头状花序黄色，具一定观赏性。综合价值量化得分 54 分。

【附　　注】假还阳参属另一种假还阳参 *Crepidiastrum lanceolatum* (Houtt.) Nakai 有 2 个变型：*C. lanceolatum* (Houtt.) Nakai f. *batakanense* (Kitam.) Kitam. 和 *C. lanceolatum* (Houtt.) Nakai f. *pinnatilobum* (Maxim.) Nakai，两者在全省沿海均有分布，其主要区别是前者叶羽状半裂，后者叶羽状浅裂。

59. 鹿角草 | 别名：香茹、小叶鬼针草、香草仔

Glossocardia bidens (Retzius) Veldkamp

【科　　属】菊科 Asteraceae 鹿角草属 *Glossocardia*。

【植物识别】多年生草本，具纺锤状根。茎自基部分枝，小枝平展或斜升。基生叶密集，花后生存，羽状深裂，裂片线形；茎中部叶稀少，羽状深裂；上部叶细小，线形。头状花序单生于枝端，直径 6~8mm，有 1 枚线状长圆形苞叶。舌状花花冠黄色，舌片开展，顶端有 3 个宽齿；管状花花冠上端 4 齿裂；花药基部钝；花柱分枝具被微硬毛的长附器。瘦果黑色，无毛，扁平，线形，具多数条纹，上端有 2 个长 1.5~2mm 的被倒刺毛的芒刺。

【生境分布】多生于海滨砂地及海边岩石缝中。全省沿海各地零星分布。

【传统用药】全草入药。微苦、微辛，凉。清热利湿，解毒消肿，活血止血。用于痢疾，泄泻，浮肿，咳嗽，哮喘，扁桃体炎，咯血，尿血，痈疽肿毒，带状疱疹，跌打肿痛，外伤出血。

【现代研究】含黄酮、挥发油等活性成分。具抗炎、抗氧化、抗肿瘤等药理作用。

【应用推介】砂质地或海岸岩隙小草本，地被草本层植物。本种在岩隙间叶小，裂片线形，花序黄色，在闽南地区称为金锁匙，常与海蚌一起炖汤服，治小儿食欲不振、疳积等。可在民间验方基础上，进行药效成分、药理活性等进一步的研究。综合价值量化得分 41 分。

【附　　注】《中国植物志》《福建植物志》记载本种的拉丁学名为 *Glossogyne tenuifolia* Cass.。

60. 沙苦荬菜 | 别名：匍匐苦荬菜

Ixeris repens (L.) A. Gray

【科　　属】菊科 Asteraceae 苦荬菜属 *Ixeris*。

【植物识别】多年生匍匐草本。茎具多数茎节，茎节处向下生出多数不定根，向上生出具长柄的叶。叶片一至二回掌状 3~5 浅裂、深裂或全裂，边缘浅波状或仅 1 侧有 1 大的钝齿或椭圆状大钝齿。头状花序单生叶腋，有长花序梗或头状花序 2~5 枚排成腋生的疏松伞房花序；总苞片 2~3 层；舌状小花 12~60 枚，黄色。瘦果圆柱状，褐色，稍压扁，有 10 条高起的钝肋，顶端渐窄成 2mm 的粗喙。

【生境分布】生于海滩沙地。全省沿海各地均有分布。

【传统用药】全草入药。清热解毒，活血排脓。

【应用推介】沙滩前缘地被观叶观花藤本，固沙。叶铺盖于沙上，较密集，头状花序黄色，具一定观赏性。综合价值量化得分 49 分。

【附　　注】《中国植物志》记载本种为沙苦荬属 *Chorisis* 沙苦卖菜 *Chorisis repens* (L.) DC.，《福建植物志》记载本种的中文名为匍匐苦荬菜。

61. 卤地菊

Melanthera prostrata (Hemsley) W. L. Wagner & H. Robinson

【科　　属】菊科 Asteraceae 卤地菊属 *Melanthera*。

【植物识别】一年生草本。茎匍匐，分枝，基部茎节生不定根。叶无柄或短柄；叶片披针形或长圆状披针形，边缘有 1~3 对不规则的粗齿或细齿，两面密被基部为疵状的短糙毛。头状花序少数，直径约 10mm，单生茎顶或上部叶腋内；总苞近球形，2 层；舌状花 1 层，黄色，顶端 3 浅裂；管状花黄色。瘦果倒卵状三棱形，顶端截平，但中央稍凹入，凹入处密被短毛。

【生境分布】生于海边干燥沙地上。全省沿海各地均有分布。

【传统用药】全草入药。甘、淡，凉。清热凉血，祛痰止咳。用于感冒，喉蛾，喉痹，百日咳，肺热喘咳，肺结核咯血，鼻衄，高血压，痈疖疔疮。

【现代研究】含二萜、多糖等活性成分。卤地菊乙醇提取物 W40 能通过抑制 BRAF/MAPK/ERK 及 Stat3 信号通路诱导 GLC-82 细胞凋亡。

【应用推介】沙滩地被植物，防风固沙。地上茎铺散，叶小、肉质，头状花序花色艳，可观叶观花。综合价值量化得分 50 分。

【附　　注】《中国植物志》《福建植物志》记载本种为蟛蜞菊属 *Wedelia* 植物，其拉丁学名为 *Wedelia prostrata* (Hook. et Arn.) Hemsl.。

62. 阔苞菊

Pluchea indica (L.) Less.

【科　　属】菊科 Asteraceae 阔苞菊属 *Pluchea*。

【植物识别】灌木。幼枝被柔毛，后脱毛。下部叶倒卵形或宽倒卵形；中部和上部叶倒卵形或倒卵状长圆形，边缘有较密细齿或锯齿，两面被卷柔毛，无柄。头状花序在茎枝顶端呈伞房花序排列；花序梗密被卷柔毛；总苞卵形或钟状，5~6 层，外层卵形或宽卵形，内层线形；雌花多层，花冠丝状；两性花花冠管状。瘦果圆柱形。

【生境分布】生于海滨沙地或靠近潮水的空旷地。分布于南部沿海及其岛屿。

【传统用药】茎叶或根入药。暖胃消积。用于小儿疳积。

【现代研究】含桉烷型倍半萜类衍生物、噻吩环聚炔、苯丙素等活性成分。具抗氧化、抗炎及调节神经等药理作用。

【应用推介】沙滩或砂质地灌木层植物，防风固沙。综合价值量化得分 62 分。

63. 珊瑚菜 ｜ 别名：北沙参

Glehnia littoralis Fr. Schmidt ex Miq.

【科　　属】伞形科 Apiaceae 珊瑚菜属 *Glehnia*。

【植物识别】多年生草本，全株被白色柔毛。根长，圆柱形或纺锤形，表面黄白色；生于沙滩者根状茎较长。叶多数基生，厚质，有长柄；叶片轮廓呈圆卵形至长圆状卵形，三出式分裂至三出式二回羽状分裂，末回裂片倒卵形至卵圆形，顶端圆形至尖锐，基部楔形至截形，边缘有缺刻状锯齿，齿边缘为白色软骨质；茎生叶的叶柄基部鞘状。复伞形花序顶生，密生浓密的长柔毛；伞幅 8~16，不等长；小伞形花序有花 15~20，白色或带堇色；花柱基短圆锥形。果实近圆球形或倒广卵形，密被长柔毛及绒毛，果棱有木栓质翅；分生果的横剖面半圆形。福建野生珊瑚菜花、果期 3~8 月。

【生境分布】生于海边平缓沙地。分布于漳州（龙海）、泉州（惠安、石狮）、莆田（秀屿）、福州（连江、平潭）等地。

【传统用药】根入药（北沙参）。甘、微苦，微寒。养阴清肺，益胃生津。用于肺热燥咳，劳嗽痰血，胃阴不足，热病津伤，咽干口渴。

【现代研究】含挥发油、香豆素、多糖、木脂素等活性成分。

【应用推介】沙滩地被观叶观花植物，固沙。福建省沿海沙滩仍有一定数量的野生资源断续分布，在野生种质保护的同时，可种植开发特色根类中药材，打造闽产品牌。综合价值量化得分 55 分。

【附　　注】本种为国家二级重点保护野生植物、福建省重点保护野生药材。

64. 滨海前胡

Peucedanum japonicum Thunb.

【科　　属】伞形科 Apiaceae 前胡属 *Peucedanum*。

【植物识别】多年生宿根草本，植株高约 1m。茎粗壮，曲折，中空管状。一至二回羽状复叶，羽片宽卵状近圆形，常 3 裂，先端非刺尖，基部心形或平截，具粗齿或浅裂，两面无毛，粉绿色，网脉细致明显；叶鞘宽抱茎，边缘耳状膜质。复伞形花序大型，伞幅 15~30；小伞形花序有花 20 余朵；花瓣白色，倒卵形，有小硬毛。果长圆状倒卵形，有硬毛，背棱线形，钝而突起，侧棱厚翅状。

【生境分布】生于近海岸边。全省沿海各地均有分布。

【传统用药】根入药。辛，寒；有小毒。清热止咳，利尿解毒。用于肺热咳嗽，湿热淋痛，疮痈红肿。

【现代研究】含香豆素、挥发油等活性成分。

【应用推介】砂质海岸、丘陵近海面观花植物。羽状复叶大型，花序大型。根粗大，作为前胡代用品，可作中药资源合理开发。综合价值量化得分 47 分。

二、兼性沙生药用植物

65. 射干 | 别名：蝴蝶花、乌扇、扁竹花

Belamcanda chinensis (L.) Redouté

【科　　属】鸢尾科 Iridaceae 射干属 *Belamcanda*。

【植物识别】多年生草本。根状茎斜伸，黄褐色；须根多数，带黄色。具地上茎。叶互生，剑形，无中脉，嵌迭状 2 列。花序叉状分枝；花橙红色，有紫褐色斑点。蒴果倒卵圆形，室背开裂，果瓣外翻，中央有直立果轴。种子球形，黑紫色，有光泽。

【生境分布】生于林缘、山坡草地、沿海丘陵，砂质海岸亦见生长。全省各地均有分布。

【传统用药】根茎入药（射干）。苦，寒。清热解毒，消痰，利咽。用于热毒痰火郁结，咽喉肿痛，痰涎壅盛，咳嗽气喘。

【现代研究】含黄酮、挥发油等活性成分。

【应用推介】见生长于丘陵砂质地、基岩海岸岩隙。可作根茎类中药材合理开发，但其沿海药材质量有待进一步研究。其株形较好，花较大，色艳，是良好的滨海公园草本层观花植物。综合价值量化得分 53 分。

【附　　注】《中国植物志》《福建植物志》记载本种的拉丁学名为 *Belamcanda chinensis* (L.) DC.。

66. 山菅 | 别名：山菅兰、山猫儿

Dianella ensifolia (L.) Redouté

【科　　属】阿福花科 Asphodelaceae 山菅兰属 *Dianella*。

【植物识别】植株高可达 1~2m。根状茎圆柱状，横走。叶狭条状披针形，长 30~80cm，宽 1~2.5cm，基部稍收狭成鞘状，套迭或抱茎。圆锥花序顶生；花被片条状披针形，长 6~7mm，绿白色、淡黄色至青紫色，5 脉；花药条形，花丝上部膨大。浆果近球形，深蓝色。

【生境分布】生于林下、山坡灌丛或草丛中。分布于中部以南及沿海各地。

【传统用药】根茎或全草入药。辛，温；有毒。拔毒消肿，散瘀止痛。用于瘰疬，痈疽疮癣，跌打损伤。

【应用推介】砂质地、沙滩草本层植物，固沙。其叶长条形、色深，花、果颜色与形态优美，全草具观赏价值。综合价值量化得分 49 分。

【附　　注】本种原属于百合科 Liliaceae，《中国植物志》《福建植物志》记载其拉丁学名为 *Dianella ensifolia* (L.) DC.。

67. 石蒜 ｜ 别名：鬼蒜、山蒜、溪蒜

Lycoris radiata (L’ Her.) Herb.

【科　　属】石蒜科 Amaryllidaceae 石蒜属 *Lycoris*。

【植物识别】多年生草本。鳞茎近球形，直径 1~3cm。叶于花后秋季出，深绿色，窄带状，长约 15cm，宽约 5mm，先端钝，中脉具粉绿色带。8~10 月开花，花茎高约 30cm，顶生伞形花序有花 4~7 朵；花两侧对称，鲜红色，花被筒绿色，花被裂片窄倒披针形，外弯，边缘皱波状；雄蕊伸出花被外，约比花被长 1 倍。

【生境分布】生于山坡岩隙间、溪边、路旁或林缘，庭园偶有栽培。全省各地均有分布。

【传统用药】鳞茎入药。辛、甘，温；有毒。祛痰催吐，解毒散结。用于喉风，单双乳蛾，咽喉肿痛，痰涎壅塞，食物中毒，胸腹积水，恶疮肿毒，痔漏，跌打损伤，风湿关节痛，顽癣，烫火伤，蛇咬伤。

【现代研究】含生物碱、多糖、黄酮、凝集素等活性成分。

【应用推介】花叶不同期，叶形、叶色均有较好观赏性，且花色鲜艳，可配置于滨海公园沙岸草本层。综合价值量化得分 48 分。

68. 天门冬 | 别名：山番薯仔、万岁藤

Asparagus cochinchinensis (Lour.) Merr.

【科　　属】天门冬科 Asparagaceae 天门冬属 *Asparagus*。

【植物识别】多年生攀缘草本。根膨大，中部或近末端呈纺锤状。茎平滑，分枝具棱或窄翅。叶状枝常 3 枚成簇，扁平或中脉龙骨状而微呈锐三棱形，稍镰状；茎鳞叶基部延伸为长 2.5~3.5mm 的硬刺，分枝刺较短或不明显。花常 2 朵腋生，淡绿色；花梗关节生于中部；雄花花被长 2.5~3mm，花丝不贴生花被片；雌花大小和雄花相似。浆果成熟时红色，具种子 1 枚。

【生境分布】生于山坡、路旁、疏林下、山谷或荒地上。省内各地均有分布。

【传统用药】块根入药（天冬）。甘、苦，寒。养阴润燥，清肺生津。用于肺燥干咳，顿咳痰黏，腰膝酸痛，骨蒸潮热，内热消渴，热病津伤，咽干口渴，肠燥便秘。

【应用推介】攀缘型植物，在木麻黄林下生长较好，可于防护林内间种植，以作根类中药材合理开发。综合价值量化得分 53 分。

【附　　注】本种原属于百合科 Liliaceae。

69. 香附子 | 别名：香附、土香附、火烧丛

Cyperus rotundus L.

【科　　属】莎草科 Cyperaceae 莎草属 *Cyperus*。

【植物识别】匍匐根状茎长，具椭圆形块茎。秆高 15~95cm，稍细，锐三棱状，基部块茎状。叶稍多，短于秆，宽 2~5mm，平展；叶鞘棕色，常裂成纤维状。长侧枝聚伞花序简单或复出，辐射枝（2）3~10 个；穗状花序具 3~10 个小穗，稍疏列；小穗斜展，线形，长 1~3cm，宽 1.5~2mm，具花 8~28 朵；小穗轴具白色、透明、较宽的翅，鳞片稍密地覆瓦状排列，中间绿色，两侧紫红或红棕色，5~7 脉；雄蕊 3，花药线形；花柱长，柱头 3，细长。小坚果长圆状倒卵形，三棱状，长为鳞片的 1/3~2/5，具细点。

【生境分布】生于山坡荒地草丛中或水边潮湿处。全省各地均有分布，于沙滩或砂质土中常成片分布。

【传统用药】根茎入药（香附）。辛、微苦、微甘，平。疏肝解郁，理气宽中，调经止痛。用于肝郁气滞，胸胁胀痛，疝气疼痛，乳房胀痛，脾胃气滞，脘腹痞闷，胀满疼痛，月经不调，经闭痛经。

【现代研究】块茎含挥发油等活性成分。

【应用推介】沙滩、砂质地地被草本，固沙。生于沙滩者其块茎易于挖取，可作块茎类中药材合理开发。其花序苞片砖红色，成片亦具观赏性。综合价值量化得分 53 分。

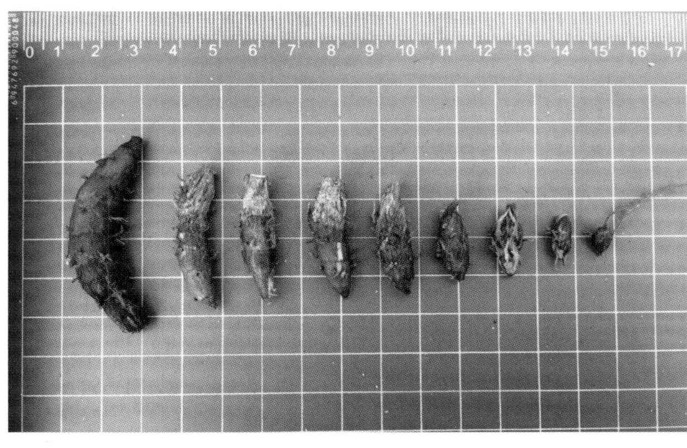
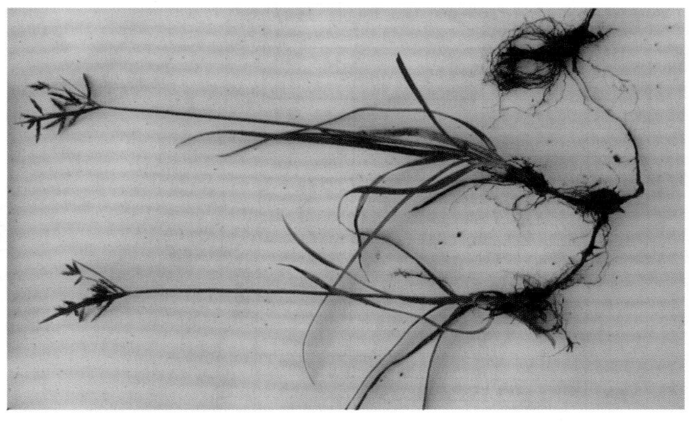

70. 短叶水蜈蚣 | 别名：金钮草、三角草、一粒珠

Kyllinga brevifolia Rottb.

【科　　属】莎草科 Cyperaceae 水蜈蚣属 *Kyllinga*。

【植物识别】多年生草本。根状茎长而匍匐。秆成列地散生，基部不膨大。叶柔弱，短于或稍长于秆，宽 2~4mm，平张，上部边缘和背面中肋上具细刺。穗状花序单个，极少 2 或 3 个，球形或卵球形，具极多数密生的小穗。小穗长圆状披针形或披针形，压扁，具花 1 朵；鳞片背面的龙骨状突起绿色，具刺，顶端延伸成外弯的短尖；雄蕊 1~3，花药线形；花柱细长，柱头 2，长不及花柱的 1/2。小坚果倒卵状长圆形，扁双凸状，表面具密的细点。

【生境分布】生于路旁、田边、山坡荒地、田野空旷地、溪边草丛中以及海边沙滩等较潮湿处。全省各地常见分布。

【传统用药】根茎或全草入药。辛，温。疏风解表，清热利湿，止咳化痰，祛瘀消肿。用于风寒感冒，寒热头痛，筋骨疼痛，咳嗽，疟疾，黄疸，痢疾，疮疡肿毒，跌打刀伤。

【应用推介】沙滩或沙岸草本层植物，固沙。综合价值量化得分 35 分。

71．红鳞扁莎

Pycreus sanguinolentus (Vahl) Nees

【科　　属】莎草科 Cyperaceae 扁莎属 *Pycreus*。

【植物识别】一年生草本，具须根。秆密丛生，扁三棱状，下部叶稍多。叶常短于秆，边缘具细刺，鞘稍短，淡绿色，最下部叶鞘稍带棕色。叶状苞片 3~4，长于花序，长侧枝聚伞花序简单，辐射枝上端具由 4 至 10 余个小穗密集成的短穗状花序；雄蕊 3，花药线形；柱头 2，细长。小坚果宽倒卵形或长圆状倒卵形，双凸状，成熟时黑色。

【生境分布】生于山谷、田边、河旁潮湿处，或长于浅水处，多于向阳处。全省各地均有分布。

【传统用药】根入药；用于肝炎。全草入药；清热解毒，除湿退黄。

【应用推介】沙滩或沙岸草本层植物，固沙。综合价值量化得分 28 分。

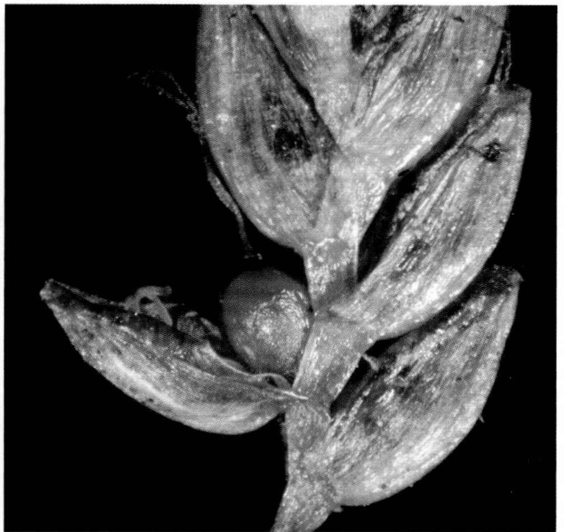

72. 芦竹 | 别名：荻芦竹

Arundo donax L.

【科　　属】禾本科 Poaceae 芦竹属 *Arundo*。

【植物识别】多年生草本，具发达根状茎。秆粗大，直立，高 3~6m。叶鞘长于节间；叶片扁平，长 30~50cm，基部白色，抱茎。圆锥花序极大型，长 30~90cm，分枝稠密，斜升。颖果细小，呈黑色。

【生境分布】生于河岸、溪边，也见栽培于村宅旁。全省各地均有分布。

【传统用药】根茎入药；苦、甘，寒；清热泻火，生津除烦，利尿；用于热病烦渴，虚劳骨蒸，吐血，热淋，小便不利，风火牙痛。嫩苗入药；苦，寒；清热泻火；用于肺热吐血，骨蒸潮热，头晕，热淋，耳聤，牙痛。汁液入药；苦，寒；清热镇惊；用于小儿高热惊风。

【现代研究】含生物碱、三萜、甾醇、纤维素等活性成分。

【应用推介】发达根状茎可发挥较好的固沙作用，植株较为高大且柔软，具良好的防风作用，可作为高潮带地被植物后一级屏障植物带。综合价值量化得分 47 分。

73. 龙爪茅

Dactyloctenium aegyptium (L.) Beauv.

【科　　属】禾本科 Poaceae 龙爪茅属 *Dactyloctenium*。

【植物识别】一年生草本。秆直立，高 15~60cm，或基部横卧，节处生根且分枝。叶扁平，两面被疣基毛。穗状花序 2~7 个指状排列于秆顶；小穗长 3~4mm，具小花 3 朵；第一颖沿脊具短硬纤毛，第二颖先端具短芒，芒长 1~2mm；外稃脊被短硬毛，第一外稃长约 3mm；内稃与第一外稃近等长，先端 2 裂，背部具 2 脊，背缘有翼，翼缘具细纤毛；鳞被 2，具 5 脉。囊果球形。

【生境分布】生于山坡或草地。全省沿海各地多分布。

【传统用药】全草入药。补虚益气。

【应用推介】沙滩草本层植物，固沙。综合价值量化得分 28 分。

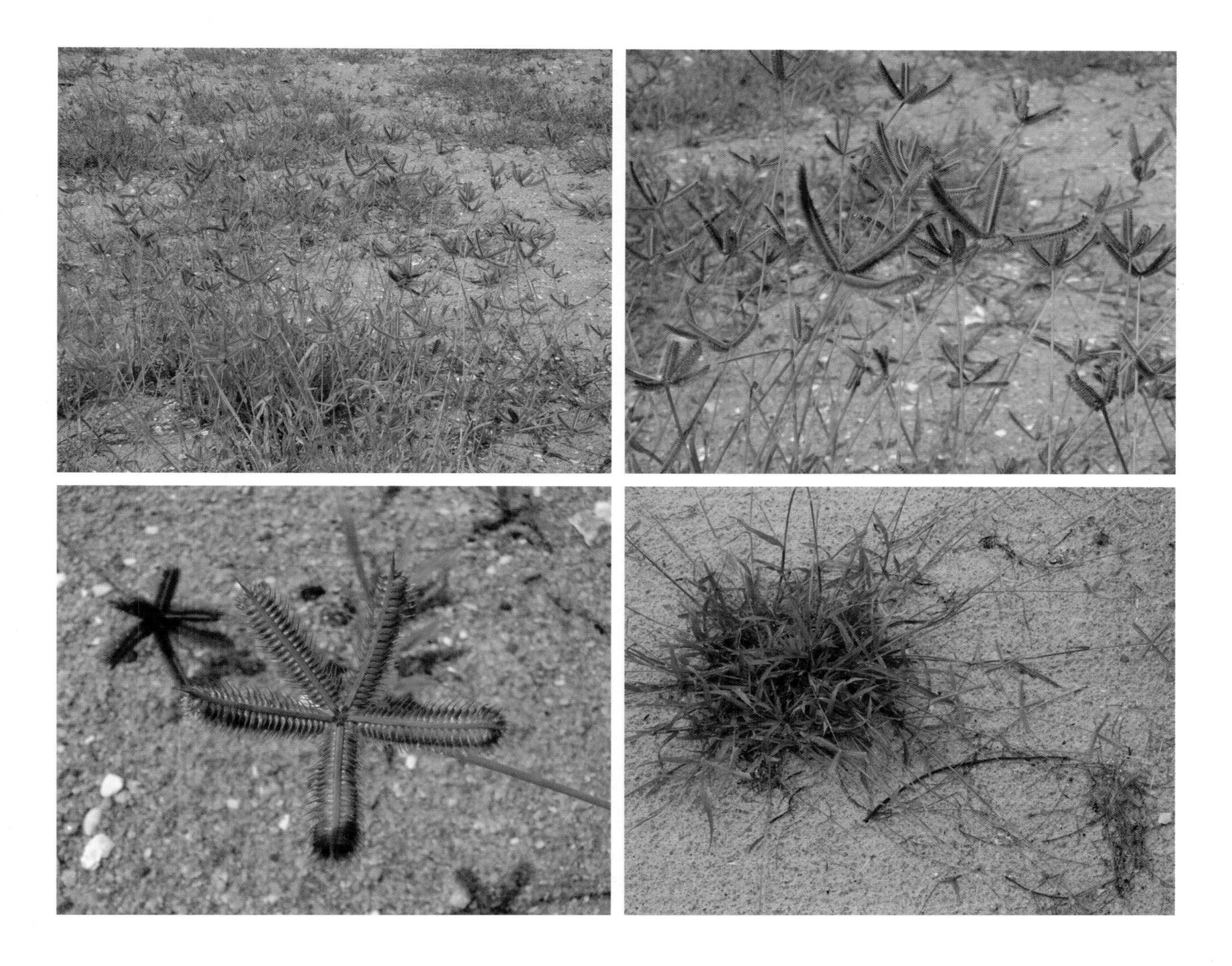

74. 牛筋草 | 别名：蟋蟀草

Eleusine indica (L.) Gaertn.

【科　　属】禾本科 Poaceae 䅟属 *Eleusine*。

【植物识别】一年生草本。根系极发达。秆丛生，基部倾斜，高 10~90cm。叶鞘两侧压扁而具脊，松弛；叶片平展，线形，长 10~15cm，宽 3~5mm。穗状花序 2~7 个指状着生于秆顶，少单生，长 3~10cm，宽 3~5mm。囊果卵圆形，长约 1.5mm，基部下凹，具明显的波状皱纹。鳞被 2，折叠，具 5 脉。

【生境分布】生于荒地、道路旁等。全省各地均有分布。

【传统用药】根或全草入药。甘、淡，凉。清热利湿，凉血解毒。用于伤暑发热，小儿惊风，流行性乙型脑炎、流行性脑脊髓膜炎，黄疸，淋证，小便不利，痢疾，便血，疮疡肿痛，跌打损伤。

【现代研究】含黄酮等活性成分。具抑制乙脑病毒等药理作用。

【应用推介】沙滩草本层植物，固沙。牧草来源植物。综合价值量化得分 34 分。

75. 白茅 | 别名：茅根、茅蔗根、含草根

Imperata cylindrica (L.) Beauv.

【科　　属】禾本科 Poaceae 白茅属 *Imperata*。

【植物识别】多年生草本。根状茎粗壮，长。秆直立，高 30~80cm，具 1~3 节。叶鞘聚集于秆基，老后破碎而呈纤维状；叶舌膜质；秆生叶片宽约 1cm，窄线形，通常内卷，顶端渐尖，呈刺状，下部渐窄，或具柄，质硬，被有白粉，基部上面具柔毛。圆锥花序稠密，长 10~20cm；小穗长 4.5~5（~6）mm，基盘的丝状柔毛长为小穗的 3 倍以上；雄蕊 2 枚，花药长 3~4mm；花柱细长，基部多少联合，柱头 2，紫黑色，羽状。颖果椭圆形，长约 1mm。

【生境分布】生于低山带平原河岸草地、沙质草甸、荒漠与海滨。全省各地均有分布。

【传统用药】根茎入药（白茅根）。甘，寒。凉血止血，清热利尿。用于血热吐血，衄血，尿血，热病烦渴，湿热黄疸，水肿尿少，热淋涩痛。

【现代研究】含三萜、黄酮、木脂素、内酯、糖类、甾体及有机酸等活性成分。

【应用推介】粗壮、蔓延的根状茎可很好地发挥固沙的生态作用。大片的银白色花序在沙岸中具较大观赏价值。综合药用、生态与观赏价值，可合理开发沙岸固沙、观赏与药用种植。综合价值量化得分 54 分。

76. 棒头草

Polypogon fugax Nees ex Steud.

【科　　属】禾本科 Poaceae 棒头草属 *Polypogon*。

【植物识别】一年生草本。秆丛生，基部膝曲，高 10~75cm。叶鞘光滑无毛，短于或下部者长于节间；叶舌膜质，长圆形，长 3~8mm，常 2 裂或顶端具不整齐的裂齿；叶片扁平，微粗糙或下面光滑。圆锥花序穗状，长圆形或卵形，较疏松，具缺刻或有间断，分枝长可达 4cm；小穗长约 2.5mm（包括基盘），灰绿色或部分带紫色；颖长圆形，先端 2 浅裂，芒从裂口处伸出，细直，微粗糙，短于或稍长于小穗；雄蕊 3。颖果椭圆形，一面扁平。

【生境分布】生于山坡、田边、潮湿处、沙岸等地。全省各地均有分布。

【传统用药】全草入药。用于关节痛。

【应用推介】沙滩草本层植物，固沙。花序中型，成片生长具一定的观赏性。综合价值量化得分 34 分。

77. 蔓草虫豆 | 别名：三叶青、倒地一条根

Cajanus scarabaeoides (L.) Thouars

【科　　属】豆科 Fabaceae 木豆属 *Cajanus*。

【植物识别】缠绕草质藤本。茎细弱，全株被红褐色或灰褐色短柔毛。三出复叶；小叶基出脉 3。总状花序腋生；花冠黄色，旗瓣倒卵形，有暗紫色条纹。荚果长圆形，种子间有横缢线。

【生境分布】生于旷野、路旁或山坡草丛中。分布于漳州（东山）、莆田（仙游）等地。

【传统用药】全草入药。甘、淡、微辛，平。疏风解表，化湿，止血。用于伤风感冒，咽喉肿痛，牙痛，暑湿腹泻，水肿，腰疼，外伤止血。

【应用推介】砂质地匍蔓性地被植物，固沙。综合价值量化得分 53 分。

【附　　注】《福建植物志》记载本种属于虫豆属 *Atylosia*，拉丁学名为 *Atylosia scarabaeoides* (L.) Benth.。

78. 铺地蝙蝠草 ｜ 别名：罗藟草、马蹄金、螺丕掩

Christia obcordata (Poir.) Bahn. f.

【科　　属】豆科 Fabaceae 蝙蝠草属 *Christia*。

【植物识别】多年生平卧草本，长 15~60cm。茎与枝极纤细，被灰色短柔毛。常具 3 小叶，稀单小叶；顶生小叶先端平截而微凹。总状花序多顶生，每节生 1 花；花冠蓝紫色或玫瑰红色，略长于花萼。荚果有荚节 4~5，完全藏于萼内；荚节圆形，无毛。

【生境分布】生于旷野草地、荒坡及丛林中。全省沿海各地均有分布。

【传统用药】全草入药。苦、辛，寒。利水通淋，散瘀止血，清热解毒。用于小便不利，石淋，水肿，跌打损伤，吐血，咯血，血崩，目赤肿痛，乳痈，毒蛇咬伤。

【应用推介】沙岸与丘陵匍蔓性地被植物，固沙。顶生小叶叶形较奇特，可作为观叶植物。综合价值量化得分 51 分。

【附　　注】《福建植物志》记载本种的拉丁学名为 *Christia obcordata* (Poir.) Bahn. f. ex Van。

79. 千斤拔 ｜ 别名：蔓性千斤拔、一条根、竹结豆

Flemingia prostrata C. Y. Wu

【科　　属】豆科 Fabaceae 千斤拔属 *Flemingia*。

【植物识别】直立或披散亚灌木。幼枝三棱柱状，密被灰褐色短柔毛。叶具指状 3 小叶；托叶线状披针形；小叶厚纸质，长椭圆形或卵状披针形，偏斜，上面被疏短柔毛，背面密被灰褐色柔毛；基出脉 3，侧脉及网脉在上面多少凹陷，下面凸起。总状花序腋生，通常长 2~2.5cm，各部密被灰褐色至灰白色柔毛；花密生，具短梗；花冠紫红色，约与花萼等长。荚果椭圆状，长 7~8mm，宽约 5mm，被短柔毛。种子 2 枚。

【生境分布】生于海岸砂砾土、平地旷野或山坡路旁草地上。全省沿海各地均有分布。

【传统用药】根入药。甘、辛，温。祛风利湿，化瘀解毒，强筋骨。用于风湿痹痛，水肿，跌打损伤，痈肿，乳蛾。

【现代研究】含黄酮等活性成分。具抗氧化、抗肿瘤、增加免疫力等药理作用。

【应用推介】砂质地地被低矮、近贴地灌木。直根发达，入药为“一条根”，其与“金门一条根”的药效差异值得进一步研究。综合价值量化得分 62 分。

【附　　注】《中国植物志》《福建植物志》记载本种的拉丁学名为 *Flemingia philippinensis* Merr. et Rolfe，《福建植物志》记载本种的中文名为蔓性千斤拔。

80. 乳豆

Galactia tenuiflora (Klein ex Willd.) Wight et Arn

【科　　属】豆科 Fabaceae 乳豆属 *Galactia*。

【植物识别】多年生草质藤本。茎密被灰白色或灰黄色长柔毛。三出复叶，小叶椭圆形，先端微凹入，具小凸尖，下面密被灰白色或黄绿色长柔毛；小托叶针状。总状花序腋生，花具短梗，单生或孪生；花冠淡蓝色；对着旗瓣的 1 枚雄蕊与雄蕊管完全离生；子房无柄，密被长柔毛。荚果线形。

【生境分布】生于林中或村边丘陵灌丛中。分布于泉州（惠安）、莆田（秀屿）、福州（长乐、平潭）等地。

【传统用药】全草入药。用于跌打损伤，骨折。

【应用推介】砂质地匍蔓性地被植物，固沙。综合价值量化得分 54 分。

【附　　注】本种为福建新分布（2012 年）。

81. 天蓝苜蓿

Medicago lupulina L.

【科　　属】豆科 Fabaceae 苜蓿属 *Medicago*。

【植物识别】一年生或二年生或多年生草本，高 15~60cm，全株被柔毛或有腺毛。茎平卧或上升，多分枝。羽状三出复叶；托叶卵状披针形，长达 1cm，常齿裂；小叶上半部边缘具不明显尖齿，两面被毛。花序小，头状，具花 10~20 朵；花序梗细且比叶长，密被贴伏柔毛；花冠黄色；子房宽卵圆形，被毛，花柱弯曲。荚果肾形，具种子 1 枚。

【生境分布】生于山坡草地或水边湿地。全省沿海各地均有分布。

【传统用药】全草入药。甘、苦、微涩，凉；小毒。清热利湿，舒筋活络，止咳平喘，凉血解毒。用于湿热黄疸，热淋，石淋，风湿痹痛，咳喘，痔血，指头疔，毒蛇咬伤。

【应用推介】固沙草本植物。植株低矮、铺散，花黄色，全草可作沙岸地被搭配物种。茎叶营养丰富，是一类优质的家畜饲料作物。可综合开发为砂质海岸地被固沙、观赏牧草层。综合价值量化得分 33 分。

82. 细齿草木犀

Melilotus dentatus (Waldstein & Kitaibel) Persoon

【科　　属】豆科 Fabaceae 草木樨属 *Melilotus*。

【植物识别】二年生草本。茎直立，圆柱形，具纵长细棱。羽状三出复叶；托叶披针形至狭三角形，长 6~12mm，具 2~3 尖齿或缺裂；小叶长椭圆形至长圆状披针形，长 20~30mm，宽 5~13mm，先端圆，中脉从顶端伸出成细尖，侧脉平行分叉直伸出叶缘成尖齿。总状花序腋生；花冠黄色。荚果近圆形至卵形，长 4~5mm，宽 2~2.5mm，先端圆，表面具网状细脉纹，腹缝呈明显的龙骨状增厚，褐色。种子 1~2 粒。

【生境分布】生于草地、林缘及盐碱草甸。全省沿海各地有逸生。

【传统用药】全草入药。辛，凉。清热解毒，化湿和中，利尿。用于暑湿胸闷，口腻，口臭，赤白痢，淋病，疖疮。

【现代研究】含挥发油（内含香豆精）活性成分。

【应用推介】本种适应于湿润的低湿地区，耐旱，耐盐碱。香豆素含量较少，味较甜，适口性好，是草木犀属中较好的牧草。综合价值量化得分 55 分。

83. 丁癸草 | 别名：丁葵草、人字草、苍蝇翼

Zornia gibbosa Spanog.

【科　　属】豆科 Fabaceae 丁癸草属 *Zornia*。

【植物识别】多年生纤弱多分枝草本，高 20~50cm。有时具粗的根状茎。托叶披针形，基部具长耳。小叶 2 枚，卵状长圆形、倒卵形至披针形，长 0.8~1.5cm，先端急尖而具短尖头，基部偏斜，背面有褐色或黑色腺点。总状花序腋生，花 2~6（~10）朵疏生于花序轴上；苞片 2，卵形，盾状着生，具缘毛，有明显的纵脉纹 5~6 条；花冠黄色。荚果通常长于苞片，荚节 2~6，近圆形，长与宽 2（~4）mm，表面具明显网脉及针刺。

【生境分布】生于田边、村边稍干旱的旷野草地上及丘陵砂质地。全省各地均有分布，沿海较多见。

【传统用药】全草入药。甘，凉。清热解表，凉血解毒，除湿利尿。用于风热感冒，咽痛，目赤，乳痈，疮疡肿痛，毒蛇咬伤，黄疸，泄泻，痢疾，小儿疳积。

【现代研究】含黄酮、香豆精等活性成分。具抗炎药理作用。

【应用推介】砂质地匍蔓性地被植物，固沙。花色鲜艳，成片生长具有一定的观赏性。综合价值量化得分 55 分。

84. 委陵菜 | 别名：土防风、山萝卜

Potentilla chinensis Ser.

【科　　属】蔷薇科 Rosaceae 委陵菜属 *Potentilla*。

【植物识别】多年生草本。根粗壮，圆柱形，稍木质化。基生叶为羽状复叶，小叶对生或互生，5~15 对，上部小叶较长，向下逐渐减小，无柄，边缘羽状中裂，边缘向下反卷，上面绿色，下面被白色绒毛，沿脉被白色绢状长柔毛；茎生叶与基生叶相似，叶片对数较少；基生叶托叶近膜质，褐色，外面被白色绢状长柔毛，茎生叶托叶草质，绿色，边缘锐裂。花茎直立或上升，高 20~70cm，被稀疏短柔毛及白色绢状长柔毛；伞房状聚伞花序；花径通常 0.8~1cm，花瓣黄色。瘦果卵球形，有明显皱纹。

【生境分布】生于山坡草地、沟谷、林缘、灌丛或疏林下。分布于厦门（同安）、泉州（惠安、金门）等地。

【传统用药】全草入药（委陵菜）。苦，寒。清热解毒，凉血止痢。用于赤痢腹痛，久痢不止，痔疮出血，痈肿疮毒。

【现代研究】含黄酮等活性成分。

【应用推介】砂质海岸草本植物。叶背灰白，花黄色，具较好的观赏价值。可作为滨海公园草本层植物，同时可作为全草类中药材种植开发。综合价值量化得分 58 分。

85. 硕苞蔷薇 | 别名：猴柿刺、鸡母屎屈刺、长毛针

Rosa bracteata Wendl.

【科　　属】蔷薇科 Rosaceae 蔷薇属 *Rosa*。

【植物识别】铺散常绿灌木，高达 5m，有长匍匐枝。小枝密被黄褐色柔毛，混生针刺和腺毛；皮刺扁而弯，常成对着生于托叶下方。小叶 5~9，革质，椭圆形或倒卵形；托叶大部离生而呈篦齿状深裂，密被柔毛，边缘有腺毛。花单生或 2~3 朵集生，花梗、苞片、萼筒外面均密被柔毛；花瓣白色，倒卵形，先端微凹。蔷薇果球形，密被黄褐色柔毛。

【生境分布】生于溪边、路旁和灌丛中。全省沿海各地均有分布。

【传统用药】根入药；甘、苦、涩，温；益脾补肾，敛肺涩肠，止汗，活血调经，祛风湿，散结解毒；用于腰膝酸软，水肿，脚气病，遗精，盗汗，阴挺，久泄，脱肛，咳嗽气喘，胃脘痛，疝气，风湿痹痛，月经不调，闭经，带下病，瘰疬，肠痈，烫伤。叶入药；微苦，凉；清热解毒，消肿敛疮；用于疔疮肿毒，烧烫伤。花入药；甘，平；润肺止咳；用于肺痨咳嗽。果实入药；甘、酸，平；补脾益肾，涩肠止泻，祛风湿，活血调经；用于腹泻，痢疾，风湿痹痛，月经不调。

【现代研究】含儿茶素、漆黄素、Rba、Rbb 等活性成分。具保护心肌、增加记忆力、抗氧化、保肝等药理作用。

【应用推介】丘陵阳地观花观果植物，常绿，枝叶带刺，可作绿篱；花白、较大，具较高的观赏性。综合价值量化得分 71 分。

86. 茅莓 | 别名：播田薮、两头粘、火梅刺

Rubus parvifolius L.

【科　　属】蔷薇科 Rosaceae 悬钩子属 *Rubus*。

【植物识别】灌木。枝呈弓形弯曲，被柔毛和稀疏钩状皮刺。小叶 3~5，菱状圆卵形或倒卵形，具齿及浅裂片。伞房花序顶生或腋生，具花数朵至多朵；萼片卵状披针形或披针形，花、果期均直立开展；花瓣粉红色或紫红色。果卵圆形，成熟时红色，核有浅皱纹。

【生境分布】生于灌木丛中。全省各地均有分布。

【传统用药】地上部分入药；苦、涩，凉；清热解毒，散瘀止痛，杀虫疗疮；用于感冒发热，咳嗽痰血，痢疾，跌打损伤，产后腹痛，疥疮，疖肿，外伤出血。根入药；甘、苦，凉；清热解毒，祛风利湿，凉血活血；用于感冒发热，咽喉肿痛，风湿痹痛，肝炎，肠炎，痢疾，肾炎水肿，尿路感染，结石，跌打损伤，咯血，吐血，崩漏，疔疮肿毒，腮腺炎。

【现代研究】含鞣质、黄酮苷、糖类、酚类、氨基酸等活性成分。具抗脑缺血、抗肝炎、抗肿瘤等药理作用。

【应用推介】铺散藤状灌木，防风。植株具刺，果实颜色鲜艳，是较好的沙岸绿化物种。综合价值量化得分 69 分。

87. 铁包金 | 别名：老鼠耳、老鼠乌、鼠米

Berchemia lineata (L.) DC.

【科　　属】鼠李科 Rhamnaceae 勾儿茶属 *Berchemia*。

【植物识别】藤状或矮灌木。小枝圆柱状，黄绿色，被密短柔毛。叶小，矩圆形或椭圆形，顶端圆形或钝，具小尖头，基部圆形，上面绿色，下面浅绿色，两面无毛；托叶披针形。花白色，通常数个至 10 余个密集成顶生聚伞总状花序，或有时 1~5 个簇生于花序下部叶腋，近无总花梗。核果圆柱形，成熟时黑色或紫黑色。

【生境分布】生于低海拔的山野、路旁或开旷地上。全省各地均有分布。

【传统用药】茎藤或根入药。苦、微涩，平。消肿解毒，止血镇痛，祛风除湿。用于痈疽疔毒，咳嗽咯血，消化道出血，跌打损伤，烫伤，风湿骨痛，风火牙痛。

【现代研究】含黄酮、蒽醌等活性成分。具抗肿瘤、防治急慢性肝衰竭等药理作用。

【应用推介】沙岸、丘陵地铺蔓型灌木。叶形细小，果实由白色转红色而后转黑色，可观叶观果，适合滨海公园绿篱组成。综合价值量化得分 72 分。

88. 构棘 | 别名：葨芝、山荔子、穿破石

Maclura cochinchinensis (Loureiro) Corner

【科　　属】桑科 Moraceae 橙桑属 *Maclura*。

【植物识别】直立或攀缘状灌木。枝具粗壮弯曲无叶的腋生刺。叶革质，椭圆状披针形或长圆形，全缘或叶上部具微波状，基部楔形。花雌雄异株，雌雄花序均为具苞片的球形头状花序，每花具 2~4 个苞片，苞片内面具 2 个黄色腺体，常附着于花被片上；雄花花被片 4，不相等，雄蕊 4；雌花花被片顶部厚，分离或基部合生，有 2 枚黄色腺体。聚花果肉质，直径 2~5cm，成熟时橙红色；核果卵圆形，光滑。

【生境分布】生于旷野、山地路旁、灌丛或疏林中。全省各地均有分布。

【传统用药】根入药；淡、微苦，凉；祛风通络，清热除湿，解毒消肿；用于风湿痹痛，跌打损伤，黄疸，腮腺炎，肺结核，胃及十二指肠溃疡，淋浊，臌胀，闭经，劳伤咳血，疔疮痈肿。棘刺入药；苦，微温；化瘀消积；用于腹中积聚，痞块。果实入药；微甘，温；理气，消食，利尿；用于疝气，食积，小便不利。

【现代研究】含黄酮等活性成分。具抗肿瘤等药理作用。

【应用推介】 砂质海岸灌木。茎具刺，果实颜色鲜艳，可食用。可综合开发为海岸观赏、采果灌木层。综合价值量化得分 63 分。

【附　　注】《中国植物志》记载本种为柘属 *Cudrania* 植物，其拉丁学名为 *Cudrania cochinchinensis* (Lour.) Kudo et Masam.；《福建植物志》记载本种为柘树属 *Cudrania* 植物葨芝 *Cudrania cochinchinensis* (Lour.) Kudo et Masam.。

89. 西瓜

Citrullus lanatus (Thunb.) Matsum. et Nakai

【科　　属】葫芦科 Cucurbitaceae 西瓜属 *Citrullus*。

【植物识别】一年生蔓生藤本。茎、枝密被白色或淡黄褐色长柔毛，卷须2歧。叶三角状卵形，3深裂。雌、雄花均单生于叶腋；雄花花梗长3~4cm，花冠淡黄色，花径2.5~3cm，裂片卵状长圆形，长1~1.5cm，雄蕊3，近离生，药室折曲；雌花花萼、花冠与雄花同，子房密被长柔毛。果近球形或椭圆形，肉质，果皮光滑，色泽及纹饰各式。种子卵形，有黑、红、白、黄、淡绿色等或有斑纹。

【生境分布】栽培或逸生于沙滩或沙岸。全省各地均有栽培。

【传统用药】果实加工后入药（西瓜霜）。咸，寒。清热泻火，消肿止痛。用于咽喉肿痛，喉痹，口疮。

【应用推介】适合于沙岸内栽培种植，开展沙岸水果型绿化。综合价值量化得分46分。

【附　　注】本种我国各地均有栽培，品种甚多，外果皮、果肉及种子形式多样，以新疆、甘肃兰州、山东德州、江苏溧阳等地最为有名。其原种可能来自非洲，广泛栽培于世界热带至温带地区，金、元时期始传入我国。

90. 酢浆草 | 别名：咸酸草、酸芝草、酸披草

Oxalis corniculata L.

【科　　属】酢浆草科 Oxalidaceae 酢浆草属 *Oxalis*。

【植物识别】草本。根状茎稍肥厚，白色。茎细弱，直立或匍匐。叶基生或茎上互生；小叶 3，倒心形，先端凹。花单生或数朵组成伞形花序状；花瓣 5，黄色；雄蕊 10。蒴果长圆柱形，5 棱。

【生境分布】生于山坡草地、河谷沿岸、路边、田边、荒地或林下阴湿处等。全省各地均有分布。

【传统用药】全草入药。酸，寒。清热利湿，凉血散瘀，解毒消肿。用于湿热泄泻，痢疾，黄疸，淋证，带下病，吐血，衄血，尿血，月经不调，跌打损伤，咽喉肿痛，痈肿疔疮，丹毒，湿疹，疥癣，痔疮，麻疹，烫火伤，蛇虫咬伤。

【现代研究】含黄酮、多糖、多酚等活性成分。

【应用推介】固沙地被植物。叶形漂亮，花色鲜艳。同时也是良好的牧草。可综合开发为地被草本层配色植物。综合价值量化得分 28 分。

91. 小叶黑面神 | 别名：药用黑面神

Breynia vitis-idaea (Burm. f.) C. E. C. Fischer

【科　　属】叶下珠科 Phyllanthaceae 黑面神属 *Breynia*。

【植物识别】灌木。枝条纤细，圆柱状。叶片膜质，2 列，卵形、阔卵形或长椭圆形，顶端钝至圆形，基部钝，上面绿色，下面粉绿色或苍白色。花小，绿色，雌雄同株，单生或几朵组成总状花序；萼片 6；雄花雄蕊 3，合生成柱状；雌花子房卵珠状，花柱短。蒴果卵珠状，顶端扁压状，基部有宿存的花萼；果梗长 3~4mm。

【生境分布】生于山地灌木丛中。全省沿海各地均有分布。

【传统用药】全株或根入药。苦，寒。燥湿，清热，解毒。用于外感发热，咳喘，泄泻，风湿骨痛，蛇伤。

【应用推介】丘陵地灌木。植株高度适中，分枝多，可观叶观果。综合价值量化得分 57 分。

【附　　注】本种原属于大戟科 Euphorbiaceae，《福建植物志》记载其为药用黑面神 *Breynia officinalis* Hemsl.。

92. 猩猩草

Euphorbia cyathophora Murr.

【科　　属】大戟科 Euphorbiaceae 大戟属 *Euphorbia*。

【植物识别】一年生或多年生草本。叶互生，卵形、椭圆形或卵状椭圆形，边缘波状分裂或具波状齿或全缘；托叶腺体状；苞叶与茎生叶同形，淡红色或基部红色。花序数枚聚伞状排列于分枝顶端；总苞钟状，绿色，边缘 5 裂，裂片三角形，常齿状分裂；腺体常 1（2），扁杯状，近二唇形，黄色；雄花多枚，常伸出总苞；雌花 1，子房柄伸出总苞；子房无毛，花柱分离。蒴果三棱状球形，长 4.5~5mm。

【生境分布】生于沿海丘陵路边。分布于漳州（东山）、泉州（晋江、石狮）、福州（平潭）等地。

【传统用药】全草入药。苦、涩，寒；有毒。凉血调经，散瘀消肿。用于月经过多，外伤肿痛，出血，骨折。

【现代研究】含十六烷酸等活性成分。

【应用推介】滨海公园灌木层植物。苞叶具渐变色，可观叶观花。综合价值量化得分 39 分。

【附　　注】《福建植物志》记载本种的拉丁学名为 *Euphorbia heterophylla* L.。

93. 飞扬草 ｜ 别名：大号乳仔草、节节花、金花草

Euphorbia hirta L.

【科　　属】大戟科 Euphorbiaceae 大戟属 *Euphorbia*。

【植物识别】一年生草本。茎自中部向上分枝或不分枝，高 60（~70）cm，被褐色或黄褐色粗硬毛。叶对生，披针状长圆形、长椭圆状卵形或卵状披针形，长 1~5cm，中上部有细齿，中下部较少或全缘，下面有时具紫斑，两面被柔毛；叶柄极短。多数花序于叶腋处密集成头状；总苞钟状；腺体 4，近杯状，边缘具白色倒三角形附属物；雄花数枚，微达总苞边缘；雌花 1，具短梗，伸出总苞；子房三棱状；花柱分离。蒴果三棱状。

【生境分布】生于路旁、屋旁草丛中或灌丛下，多见于砂质土上。全省各地均有分布。

【传统用药】全草入药（飞扬草）。辛、酸，凉；有小毒。清热解毒，利湿止痒，通乳。用于肺痈，乳痈，疔疮肿毒，牙疳，痢疾，泄泻，热淋，血尿，湿疹，脚癣，皮肤瘙痒，产后少乳。

【现代研究】含黄酮、单宁、三萜、二萜等活性成分。具抗菌、抗氧化等药理作用。

【应用推介】固沙草本植物。植株较低矮而铺散，全草可作沙岸地被搭配物种。综合价值量化得分 35 分。

94. 蓖麻 | 别名：杜蓖、牛蓖子

Ricinus communis L.

【科　属】大戟科 Euphorbiaceae 蓖麻属 *Ricinus*。

【植物识别】一年生粗壮草本或草质灌木，高达 5m，全株常被白霜。叶互生，盾生叶，近圆形，直径 15~60cm，掌状 7~11 裂，裂片卵状披针形或长圆形，具锯齿；叶柄粗，长达 40cm，中空，顶端具 2 枚盘状腺体，基部具腺体；托叶早落。花雌雄同株，无花瓣；总状或圆锥花序，花序上部为雄花，下部为雌花；雄花雄蕊多数，花丝合成多数雄蕊束；雌花花柱 3，顶部 2 裂，红色。蒴果卵球形或近球形，长 1.5~2.5cm，具软刺或平滑。种子椭圆形，长 1~1.8cm，光滑，具淡褐色或灰白色斑纹，胚乳肉质。

【生境分布】生于村旁、路边、疏林、荒地等处。全省各地均有分布。

【传统用药】种子入药（蓖麻子）。甘、辛，平；有毒。泻下通滞，消肿排毒。用于大便燥结，痈疽肿毒，喉痹，瘰疬。

【现代研究】蓖麻油在工业上用途广，在医药上作缓泻剂。种子含蓖麻毒蛋白及蓖麻碱，勿误食。

【应用推介】 我国作油脂作物栽培的蓖麻为一年生草本。本种的栽培品种多，依茎、叶呈红色或绿色，果具软刺或无，种子的大小和斑纹颜色等区分。可作滨海公园绿化植物，兼作果实及种子类中药材基原植物。综合价值量化得分 48 分。

95. 鸦胆子 | 别名：苦参子、羊屎豆

Brucea javanica (L.) Merr.

【科　　属】苦木科 Simaroubaceae 鸦胆子属 *Brucea*。

【植物识别】灌木或小乔木。嫩枝、叶柄和花序均被黄色柔毛。一回羽状复叶，小叶 3~15 对，有粗齿，两面被柔毛，下面较密。花单性，暗紫色，直径 1.5~2mm。核果 1~4，分离，长卵形，熟时灰黑色，干后有不规则多角形网纹，外壳硬骨质而脆。

【生境分布】生于旷野或山麓灌丛中或疏林中。全省沿海各地均有分布。

【传统用药】果实入药（鸦胆子）。苦，寒；有小毒。清热解毒，截疟，止痢；外用腐蚀赘疣。用于痢疾，疟疾；外治赘疣，鸡眼。

【现代研究】含苦木内酯、挥发油等活性成分。具抗肿瘤等药理作用。

【应用推介】沙岸或防护林缘灌木层至小乔木层植物。可作果实及种子类中药材合理开发。综合价值量化得分 64 分。

96. 苘麻　｜　别名：白麻、磨仔盾、毛盾草

Abutilon theophrasti Medicus

【科　　属】锦葵科 Malvaceae 苘麻属 *Abutilon*。

【植物识别】一年生亚灌木状直立草本。茎枝被柔毛。叶互生，圆心形，长 3~12cm，先端长渐尖，基部心形，具细圆锯齿，两面密被星状柔毛；托叶披针形，早落。花单生叶腋；花梗较叶柄短，近顶端具节；花冠黄色，花瓣 5。分果半球形，直径约 2cm，分果爿 15~20，被粗毛，顶端具 2 长芒，芒长 3mm 以上。

【生境分布】生于路旁、荒地及田野间。分布于莆田（仙游）、福州（长乐、连江、永泰）、宁德（蕉城、霞浦）、三明（建宁）、南平（武夷山、延平）等地。

【传统用药】种子入药（苘麻子）；苦，平；清热利湿，解毒消痈，退翳明目；用于赤白痢疾，小便淋痛，痈疽肿毒，乳腺炎，目翳。全草或叶入药；苦，平；清热利湿，解毒开窍；用于痢疾，中耳炎，耳鸣，耳聋，睾丸炎，化脓性扁桃体炎，痈疽肿毒。根入药；苦，平；利湿解毒；用于小便淋沥，痢疾，急性中耳炎，睾丸炎。

【现代研究】含有机酸、黄酮、皂苷、萜类等活性成分。

【应用推介】叶心形、花黄色、果磨盘状且具长芒，全株具有较高的观赏价值。综合价值量化得分 34 分。

【附　　注】同属植物磨盘草 *Abutilon indicum* (L.) Sweet，花梗长为叶的 2 倍以上或与叶近等长，分果爿仅具尖头或短芒尖，可与本种区别。

①
②

①苘麻
②磨盘草

97. 心叶黄花棯

Sida cordifolia L.

【科　　属】锦葵科 Malvaceae 黄花棯属 *Sida*。

【植物识别】直立亚灌木，高达 1m。小枝密被星状柔毛并混生长柔毛。叶卵形或近心形，长 1.5~5cm，先端钝或圆，基部微心形或圆，具钝齿或不规则锯齿，两面均密被星状柔毛；托叶线形，密被星状柔毛。花单生或簇生叶腋或枝端；花冠黄色，花径约 1.5cm，花瓣 5；雄蕊柱被长硬毛。分果近扁球形，分果爿 10，顶端具 2 长芒。

【生境分布】生于山坡灌丛、路边及村庄的空旷地。全省沿海各地均有分布。

【传统用药】全草入药。甘、微辛，平。清热利湿，止咳，解毒消痈。用于湿热黄疸，痢疾，泄泻，淋病，发热咳嗽，气喘，痈肿疮毒。

【现代研究】含多糖等活性成分。

【应用推介】沙岸、丘陵地绿化小灌木。叶心形、花黄色，具一定的观赏价值。综合价值量化得分 53 分。

【附　　注】《中国植物志》《福建植物志》记载本种的中文名为心叶黄花稔。

98. 马松子

Melochia corchorifolia L.

【科　　属】锦葵科 Malvaceae 马松子属 *Melochia*。

【植物识别】亚灌木状草本。枝黄褐色，略被星状柔毛。叶卵形、长圆状卵形或披针形，先端尖或钝，基部圆形或心形，有锯齿，上面近无毛，下面略被星状柔毛，基生脉 5。花排成顶生或腋生的密聚伞花序或团伞花序；小苞片线形，混生在花序内；花瓣 5，白色，后变为淡红色。蒴果球形，有 5 棱，被长柔毛。

【生境分布】生于田野间或低丘陵地原野间。全省各地均有分布。

【传统用药】茎叶入药。淡，平。清热利湿，止痒。用于急性黄疸性肝炎，皮肤痒疹。

【应用推介】滨海公园绿化亚灌木层植物。花色较鲜艳。综合价值量化得分 45 分。

【附　　注】本种原属于梧桐科 Sterculiaceae。

99. 地桃花 | 别名：肖梵天花、八卦拦路虎、山加簸

Urena lobata L.

【科　　属】锦葵科 Malvaceae 梵天花属 *Urena*。

【植物识别】直立亚灌木状草本。茎下部的叶近圆形，先端浅 3 裂；中部叶卵形；上部叶长圆形至披针形。花腋生，单生或稍丛生，淡红色，花瓣 5；单体雄蕊；花柱枝 10。果扁球形，分果爿被星状短柔毛和锚状刺。

【生境分布】生于荒地、村旁路边及疏林下。全省各地均有分布。

【传统用药】根或全草入药。甘、辛，凉。祛风利湿，活血消肿，清热解毒。用于感冒，风湿痹痛，痢疾，泄泻，淋证，带下病，月经不调，跌打肿痛，喉痹，乳痈，疮疖，毒蛇咬伤。

【现代研究】含黄酮、酚酸、挥发油等活性成分。

【应用推介】沙岸、丘陵地亚灌木，固沙。株形较好，花色鲜艳，适于滨海公园绿篱植物。综合价值量化得分 65 分。

【附　　注】《福建植物志》记载本种的中文名为肖梵天花。

100. 了哥王 | 别名：南岭荛花、地棉皮、山铺银

Wikstroemia indica (L.) C. A. Mey.

【科　　属】瑞香科 Thymelaeaceae 荛花属 *Wikstroemia*。

【植物识别】灌木。小枝红褐色，无毛。叶对生，纸质至近革质，倒卵形、椭圆状长圆形或披针形，干时棕红色。花黄绿色，数朵组成顶生头状总状花序；花序梗长 5~10mm；花萼裂片 4，黄色，宽卵形至长圆形；雄蕊 8，2 列，着生于花萼管中部以上。果实椭圆形，长 7~8mm，成熟时红色至暗紫色。

【生境分布】生于开旷林下、石山、沿海丘陵或沙岸。全省沿海各地均有分布。

【传统用药】根入药；苦、辛，寒；有毒；清热解毒，化痰逐瘀，利水杀虫；用于肺炎，支气管炎，腮腺炎，咽喉炎，淋巴结炎，乳腺炎，痈疽肿毒，风湿性关节炎，水肿臌胀，麻风，闭经，跌打损伤。茎叶入药；苦、辛，寒；有毒；清热解毒，化痰散结，消肿止痛；用于痈肿疮毒，瘰疬，风湿痛，跌打损伤，蛇虫咬伤。种子入药；辛，微寒；有毒；解毒散结；用于痈疽，瘰疬，疣瘊。

【现代研究】茎及茎皮含小麦黄素、山柰酚 -3-*O*-*β*-D- 吡喃葡萄糖苷、西瑞香素、南荛酚等活性成分；具抗炎、抗肿瘤等药理作用。根、根皮中含西瑞香素、芫花素、南荛苷等活性成分；具引产、抗肿瘤等药理作用。种子含皂苷类、黄酮类等活性成分，并含较多油脂。

【应用推介】沙岸、丘陵地灌木层植物。茎皮纤维可做造纸原料。综合价值量化得分 60 分。

101. 黄花草 ｜ 别名：黄花菜

Arivela viscosa (Linnaeus) Rafinesque

【科　　属】白花菜科 Cleomaceae 黄花草属 *Arivela*。

【植物识别】一年生直立草本，高 0.3~1m。茎基部常木质化，全株密被黏质腺毛与淡黄色柔毛，有恶臭气味。掌状复叶，具 3~5（~7）枚小叶，中央小叶最大。花单生于茎上部叶腋内，近顶端则排成总状或伞房状花序；花瓣淡黄色或橘黄色，有数条明显的纵行脉；雄蕊 10~22（~30）；子房无柄，圆柱形，密被腺毛。果直立，圆柱形，劲直或稍镰弯，密被腺毛，顶端渐狭成喙。

【生境分布】生于荒地、路旁及田野间。全省沿海各地均有分布。

【传统用药】全草入药。苦、辛，温；有毒。散瘀消肿，祛风止痛，生肌疗疮。用于跌打肿痛，劳伤腰痛，疝气疼痛，头痛，痢疾，疮疡溃烂，眼红痒痛，白带淋浊。

【现代研究】含麦角甾-5-烯-3-*O*-*α*-L-鼠李吡喃糖苷、5，4'-二-*O*-甲基圣草酚-7-*O*-*β*-D-葡萄吡喃糖苷、3，4'-二羟基-5-甲氧基黄烷酮-7-*O*-*α*-L-鼠李吡喃糖苷等活性成分。

【应用推介】植株较多分枝，株形良好，花色鲜艳，果明显，具一定的观赏价值。可作为沙岸草本层配置植物。综合价值量化得分35分。

【附　　注】《中国植物志》《福建植物志》均记载本种为山柑科Capparaceae白花菜属*Cleome*植物，其拉丁学名为*Cleome viscosa* L.。

102. 北美独行菜 | 别名：土荆芥穗

Lepidium virginicum Linnaeus

【科　　属】十字花科 Brassicaceae 独行菜属 *Lepidium*。

【植物识别】一年生或二年生草本，高达 50cm。茎单一，分枝，被柱状腺毛。基生叶倒披针形，长 1~5cm，羽状分裂或大头羽裂，边缘有锯齿；茎生叶倒披针形或线形，长 1.5~5cm，先端尖，基部渐窄。总状花序顶生；花瓣白色，倒卵形，与萼片等长或稍长；雄蕊 2 或 4。短角果近圆形，长 2~3mm，顶端微缺，有窄翅。

【生境分布】生于田边或荒地。全省各地均有分布。

【传统用药】全草入药。甘，平。驱虫消积。用于小儿虫积腹胀。

【应用推介】本种为外来入侵植物、牧草来源。综合价值量化得分 29 分。

103. 酸模 | 别名：山菠菱

Rumex acetosa L.

【科　　属】蓼科 Polygonaceae 酸模属 *Rumex*。

【植物识别】多年生草本，高达 80cm，具须根。基生叶及茎下部叶箭形；茎上部叶较小，具短柄或近无柄。窄圆锥状花序顶生；花单性，雌雄异株；雌花外花被片果时反折，内花被片果时增大。瘦果椭圆形，具 3 锐棱。

【生境分布】生于田野及路旁沟边。省内各地均有分布。

【传统用药】根入药；酸、微苦，寒；凉血止血，泄热通便，利尿，杀虫；用于吐血，便血，月经过多，热痢，目赤，便秘，小便不通，淋浊，恶疮，疥癣，湿疹。茎叶入药；酸、微苦，寒；凉血止血，泄热通便，利尿，解毒；用于便秘，小便不利，内痔出血，疮疡，丹毒，烫伤，湿疹，疥癣。

【现代研究】含蒽醌、黄酮、酚酸等活性成分。

【应用推介】本种花序长而色艳，可作为观叶观花型海岸绿化草本。综合价值量化得分 40 分。

104. 齿果酸模

Rumex dentatus L.

【科　　属】蓼科 Polygonaceae 酸模属 *Rumex*。

【植物识别】一年生草本，高达 70cm。茎下部叶长圆形或长椭圆形，长 4~12cm，边缘浅波状；茎生叶较小。花簇轮生，花序总状，顶生及腋生，数个组成圆锥状；花两性，黄绿色；内花被片果时增大，三角状卵形，边缘每侧具 2~4 枚刺状齿，齿长 1.5~2mm，具小瘤，小瘤长 1.5~2mm。瘦果卵形，具 3 锐棱。

【生境分布】生于水田边、沟边。分布于漳州（龙海）、厦门（同安）、福州（仓山、马尾、平潭）、宁德（霞浦）等地。

【传统用药】叶入药。苦，寒。清热解毒，杀虫止痒。用于乳痈，疮疡肿毒，疥癣。

【现代研究】含黄酮、脂肪酸等活性成分。具抗氧化等药理作用。

【应用推介】固沙草本植物。叶大，花果序大而挺拔，花果密集，易成片生长。可综合开发为沙岸固沙、观赏草本层。综合价值量化得分 33 分。

105. 羊蹄 | 别名：野萝卜、野菠菱、土大黄

Rumex japonicus Houtt.

【科　　属】蓼科 Polygonaceae 酸模属 *Rumex*。

【植物识别】多年生草本，高达 1m。基生叶长圆形或披针状长圆形，长 8~25cm，基部圆形或心形，边缘微波状；茎上部叶窄长圆形；托叶鞘膜质，易开裂，早落。花两性；多花轮生，花序圆锥状；花梗细，中下部具关节；内花被片果时增大，宽心形，长 4~5mm，边缘具不整齐小齿，齿长 0.3~0.5mm，具长卵形小瘤。瘦果宽卵形，具 3 锐棱。

【生境分布】生于山野、路旁沟边或田边湿地。全省各地均有分布。

【传统用药】根入药；苦，寒；清热通便，凉血止血，杀虫止痒；用于大便秘结，吐血衄血，肠风便血，痔血，崩漏，疥癣，白秃，疮痈肿毒，跌打损伤。果实入药；苦，平；凉血止血，通便；用于赤白痢疾，漏下，便秘。叶入药；甘，寒；凉血止血，通便，解毒消肿，杀虫止痒；用于肠风便血，便秘，小儿疳积，疮痈肿毒，疥癣。

【现代研究】含黄酮、挥发油、蒽醌等活性成分。具抗氧化、抗菌、抗癌、免疫调节、抗炎、保肝、抗糖尿病、抗骨质疏松等药理作用。

【应用推介】固沙草本植物。叶大，花果序大而挺拔，花果密集，易成片生长。可综合开发为沙岸固沙、观赏草本层。综合价值量化得分 40 分。

106. 无心菜 ｜ 别名：蚤缀、鹅不食草、铁钉草

Arenaria serpyllifolia Linn.

【科　　属】石竹科 Caryophyllaceae 无心菜属 *Arenaria*。

【植物识别】一年生或二年生草本。茎丛生，直立或铺散。叶片卵形，基部狭，顶端急尖。聚伞花序；萼片 5，披针形；花瓣 5，白色，倒卵形；雄蕊 10。蒴果卵圆形，与宿存萼等长，顶端 6 裂。

【生境分布】生于沙质或石质荒地、田野、园圃、山坡草地。全省各地均有分布。

【传统用药】全草入药。苦、辛，凉。清热，明目，止咳。用于肝热目赤，翳膜遮睛，肺痨咳嗽，咽喉肿痛，牙龈炎。

【现代研究】含黄酮类等活性成分。

【应用推介】松散草本植物。叶小、花小，细碎，可作滨海公园草本层搭配植物。综合价值量化得分 26 分。

【附　　注】《福建植物志》记载本种为蚤缀属 *Arenaria* 植物，中文名为蚤缀。

107. 漆姑草

Sagina japonica (Sw.) Ohwi

【科　　属】石竹科 Caryophyllaceae 漆姑草属 *Sagina*。

【植物识别】一年生小草本，高 5~20cm，上部被稀疏腺柔毛。茎丛生，稍铺散。叶片线形，长 5~20mm，宽 0.8~1.5mm，顶端急尖，无毛。花小型，单生枝端；萼片 5；花瓣 5，狭卵形，白色，顶端圆钝，全缘；雄蕊 5，短于花瓣；子房卵圆形，花柱 5，线形。蒴果卵圆形，微长于宿存萼，5 瓣裂。

【生境分布】生于河岸砂质地、撂荒地或路旁草地等。全省各地均有分布。

【传统用药】全草入药。苦、辛，凉。凉血解毒，杀虫止痒。用于漆疮，秃疮，湿疹，丹毒，瘰疬，无名肿毒，毒蛇咬伤，鼻渊，龋齿痛，跌打内伤。

【现代研究】含黄酮、多糖、皂苷、挥发油等活性成分。具抗肿瘤、镇咳、祛痰、镇痛、降血压等药理作用。

【应用推介】沙地地被植物。成小片生长可作草本层搭配。综合价值量化得分 24 分。

108. 女娄菜 | 别名：土地榆、金打蛇

Silene aprica Turcx. ex Fisch. et Mey.

【科　　属】石竹科 Caryophyllaceae 蝇子草属 *Silene*。

【植物识别】一年生至二年生草本，高达 70（~100）cm，全株密被灰色柔毛。茎单生或数个。基生叶倒披针形或窄匙形，基部渐窄成柄状；茎生叶倒披针形、披针形或线状披针形。圆锥花序；花瓣白色或淡红色，倒披针形，长 7~9mm，具缘毛；副花冠舌状；花丝基部具缘毛，雄蕊及花柱内藏。蒴果卵圆形，与宿萼近等长。

【生境分布】生于山间草地及山谷较湿润处。分布于泉州（惠安、晋江）、福州（长乐、马尾、平潭）、三明（沙县、泰宁）、宁德（柘荣）等地。

【传统用药】全草入药。辛、苦，平。活血调经，下乳，健脾，利湿，解毒。用于月经不调，乳少，小儿疳积，脾虚浮肿，疔疮肿毒。

【应用推介】沙岸草本层植物，固沙。综合价值量化得分 34 分。

【附　　注】《福建植物志》记载本种为女娄菜属 *Melandrium* 植物，拉丁学名为 *Melandrium apricum* (Turcz.) Rohrb.。

109. 坚硬女娄菜

Silene firma Sieb. et Zucc.

【科　　属】石竹科 Caryophyllaceae 蝇子草属 *Silene*。

【植物识别】一年生或二年生草本，高 50~100cm。全株无毛，或仅基部被短毛。茎单生或疏丛生，粗壮，直立，稀分枝，有时下部暗紫色。叶片椭圆状披针形，基部渐狭成短柄状，顶端急尖，仅边缘具缘毛。假轮伞状间断式总状花序；花梗直立，常无毛；花萼卵状钟形，无毛，果期微膨大，脉绿色；花瓣白色，不露出花萼；雄蕊内藏；花柱不外露。蒴果长卵形。

【生境分布】生于草坡、灌丛或林缘草地。分布于泉州（惠安、晋江）、福州（长乐）、宁德（霞浦）等地。

【传统用药】全草入药。甘、淡，凉。清热解毒，利尿，调经。用于咽喉肿痛，聤耳流脓，小便不利。

【应用推介】沙岸观花草本层植物，固沙。综合价值量化得分 33 分。

【附　　注】本种为福建新分布（尚未见发表）。

110. 鹤草 | 别名：蝇子草、野蚊子草

Silene fortunei Vis.

【科　　属】石竹科 Caryophyllaceae 蝇子草属 *Silene*。

【植物识别】多年生草本，高达 1m。茎丛生，多分枝，被短柔毛，分泌黏液。基生叶倒披针形，中上部叶披针形。聚伞圆锥花序，小聚伞花序对生，具花 1~3，有黏液；花萼长筒状，基部平截，果期筒状棒形；花瓣粉红色，2 裂达瓣片的 1/2 或更深，裂片呈撕裂状条裂；喉部具 2 枚小鳞片；雄蕊、花柱微伸出。蒴果长圆形，较宿萼短或近等长。

【生境分布】生于山坡、山谷及路旁草丛中。分布于厦门（同安）、福州（长乐、永泰）、南平（光泽、浦城）等地。

【传统用药】全草入药。辛、涩，凉。清热利湿，活血解毒。用于痢疾，肠炎，热淋，带下病，咽喉肿痛，劳伤发热，跌打损伤，毒蛇咬伤。

【应用推介】固沙草本植物。花形良好，花色鲜艳，可作为草本层观赏配置物种。综合价值量化得分 37 分。

【附　　注】《福建植物志》记载本种的中文名为蝇子草。

111. 钝叶土牛膝 | 别名：鸡骨癀、粘身草、倒举草

Achyranthes aspera L. var. *indica* L.

【科　　属】苋科 Amaranthaceae 牛膝属 *Achyranthes*。

【植物识别】多年生草本。茎四棱形，密生白色或黄色长柔毛。叶片倒卵形，顶端圆钝，常有凸尖，基部宽楔形，边缘波状，两面密生柔毛。穗状花序顶生，花在花后反折；花序梗密被白色柔毛；花被片披针形，花后硬化锐尖。胞果卵形；种子卵形，褐色。

【生境分布】生于田埂、路边、河旁。全省各地均有分布，沿海各地尤为常见。

【传统用药】根和根茎入药。甘、微苦、微酸，寒。活血祛瘀，泻火解毒，利尿通淋。用于闭经，跌打损伤，风湿关节痛，痢疾，白喉，咽喉肿痛，疮痈，淋证，水肿。

【应用推介】沙滩、沙岸或丘陵地灌木层植物。叶缘波状，或带赭红色，花序长，成排或小片生长具一定的观赏性。综合价值量化得分 43 分。

112. 藜 | 别名：灰灰菜

Chenopodium album L.

【科　　属】苋科 Amaranthaceae 藜属 *Chenopodium*。

【植物识别】一年生草本，高 30~150cm。茎直立，粗壮，具条棱及绿色或紫红色色条，多分枝；枝条斜升或开展。叶片菱状卵形至宽披针形，长 3~6cm，宽 2.5~5cm，有时嫩叶上面有紫红色粉，下面多少有粉，边缘具不整齐锯齿。花两性，穗状圆锥状或圆锥状花序；花被裂片背面具纵隆脊，有粉；雄蕊 5；柱头 2。果皮与种子贴生；种子横生。

【生境分布】生于路旁、荒地、田间。全省各地均有分布。

【传统用药】幼嫩全草入药；甘，平；有小毒；清热祛湿，解毒消肿，杀虫止痒；用于发热，咳嗽，痢疾，腹泻，腹痛，疝气，龋齿痛，湿疹，疥癣，白癜风，疮疡肿痛，毒虫咬伤。果实或种子入药；苦、微甘，寒；有小毒；清热祛湿，杀虫止痒；用于小便不利，水肿，皮肤湿疮，头疮，耳聋。

【现代研究】含挥发油、黄酮等活性成分。具抑菌、杀虫等药理作用。

【应用推介】固沙草本植物。植株茎上具色条，叶被白粉或嫩叶被粉红色粉，具观赏价值。民间称为灰灰菜，幼苗及嫩茎叶可食用，但因其含有卟啉类光感物质，一次食用量不宜过多，食后或接触后应避免强烈日光暴晒，避免引起皮肤红肿、发亮、浑身刺痛、刺痒等急性光毒性炎症反应。可综合开发为砂质海岸固沙、观赏植物，或作为野菜进行培植。综合价值量化得分 30 分。

【附　　注】本种原属于藜科 Chenopodiaceae。

113. 喜旱莲子草 | 别名：空心莲子草、水蕹菜、过江龙

Alternanthera philoxeroides (Mart.) Griseb.

【科　　属】苋科 Amaranthaceae 莲子草属 *Alternanthera*。

【植物识别】多年生草本。茎基部匍匐，上部上升，节处生根；具分枝，幼茎及叶腋有白色或锈色柔毛。叶片矩圆形、矩圆状倒卵形或倒卵状披针形，长 2.5~5cm，宽 7~20mm，顶端急尖或圆钝，具短尖，基部渐狭，全缘。花密生，组成具总花梗的头状花序，单生于叶腋，球形；苞片及小苞片白色；花被片矩圆形，长 5~6mm，白色，光亮。

【生境分布】生于池沼、水沟内、田边等地。全省各地均有分布。

【传统用药】全草入药。苦、甘，寒。清热凉血，解毒，利尿。用于咯血，尿血，感冒发热，麻疹，流行性乙型脑炎，黄疸，淋浊，痄腮，湿疹，痈肿疖疮，毒蛇咬伤。

【现代研究】含黄酮、甾醇等活性成分。具抗病毒、抗菌、保肝等药理作用。

【应用推介】匍蔓性草本，喜水湿，在阳光充足处生长旺盛，可作浅滩、沙岸地被植物，防风固沙。亦可作饲料。综合价值量化得分 37 分。

114. 莲子草 ｜ 别名：虾蚶草、节节花、白疔草

Alternanthera sessilis (L.) DC.

【科　　属】苋科 Amaranthaceae 莲子草属 *Alternanthera*。

【植物识别】多年生草本，高达 45cm。叶条状披针形、长圆形、倒卵形、卵状长圆形，长 1~8cm，先端尖或圆钝，基部渐窄，全缘或具不明显锯齿。头状花序 1~4 个，腋生，无花序梗，初为球形；花被片卵形；雄蕊 3。胞果倒心形，包于宿存花被片内。

【生境分布】生于路旁、田埂及水沟边。全省各地均有分布。

【传统用药】全草入药。甘，寒。凉血散瘀，清热解毒，祛湿通淋。用于咯血，吐血，便血，湿热黄疸，痢疾，泄泻，牙龈肿痛，咽喉肿痛，肠痈，乳痈，痄腮，痈疽肿毒，湿疹，淋证，跌打损伤，毒蛇咬伤。

【应用推介】固沙草本植物。植株低矮、铺散，叶小，花序球状，全草可作沙岸地被搭配物种。嫩苗可食，可作饲料。可综合开发为砂质海岸地被固沙、观赏牧草层。综合价值量化得分 40 分。

115. 凹头苋

Amaranthus blitum Linnaeus

【科　　属】苋科 Amaranthaceae 苋属 *Amaranthus*。

【植物识别】一年生草本。茎伏卧而上升，从基部分枝，淡绿色或紫红色。叶片卵形或菱状卵形，顶端凹缺，有 1 芒尖，或微小不显，全缘或稍呈波状。花成腋生花簇，或顶端穗状花序、圆锥花序；花被片 3，淡绿色；雄蕊 3，比花被片稍短；柱头 3 或 2。胞果扁卵形，近平滑，不裂。

【生境分布】生于田野、路旁和屋边。全省各地均有分布。

【传统用药】全草或根入药；甘，微寒；清热解毒，利尿；用于痢疾，腹泻，疔疮肿毒，毒蛇咬伤，蜂蜇伤，小便不利，水肿。种子入药；甘，凉；清肝明目，利尿；用于肝热目赤，翳障，小便不利。

【应用推介】固沙草本植物。综合价值量化得分 30 分。

【附　　注】《中国植物志》《福建植物志》记载本种的拉丁学名为 *Amaranthus lividus* L.。

116. 刺苋 | 别名：刺苋菜、刺刺草、猪姆刺

Amaranthus spinosus L.

【科　　属】苋科 Amaranthaceae 苋属 *Amaranthus*。

【植物识别】一年生草本，高 30~100cm。茎直立，圆柱形或钝棱形，多分枝，有纵条纹，绿色或带紫色。叶片菱状卵形或卵状披针形，顶端圆钝，具微凸头，基部楔形，全缘；在叶柄旁有 2 刺，刺长 5~10mm。圆锥花序腋生及顶生，下部顶生花穗常全部为雄花；苞片在腋生花簇及顶生花穗的基部者变成尖锐直刺；花被片 5，绿色；雄蕊 3。胞果矩圆形，在中部以下不规则横裂。

【生境分布】生于田野、荒地、屋旁和路边。全省各地均有分布。

【传统用药】全草或根入药。甘，微寒。凉血止血，清利湿热，解毒消痈。用于胃出血，便血，痔血，胆囊炎，胆石症，痢疾，湿热泄泻，带下病，小便涩痛，咽喉肿痛，湿疹，痈肿，牙龈糜烂，蛇咬伤。

【现代研究】含黄酮、酚类、皂苷等活性成分。具镇痛、抗炎、利尿、退热、免疫调节、保肝、降血糖、抗疟疾、抗菌、抗氧化等药理作用。

【应用推介】固沙草本植物。茎枝单一，具刺，叶色常有胭红色块。根部在民间常作为药膳用料。可综合开发沙岸固沙、观赏、药用种植草本层。综合价值量化得分 38 分。

117. 仙人掌 ｜ 别名：刺巴掌、番花、佛手刺

Opuntia dillenii (Ker-Gawl.) Haw.

【科　　属】仙人掌科 Cactaceae 仙人掌属 *Opuntia*。

【植物识别】丛生肉质灌木。分枝扁平，绿色至蓝绿色，无毛；小窠疏生，每小窠具（1~）3~10（~20）根刺，密生短绵毛和倒刺刚毛；刺黄色，有淡褐色横纹，粗钻形，多少开展并内弯，基部扁，坚硬；倒刺刚毛暗褐色，直立；短绵毛灰色，短于倒刺刚毛，宿存。叶钻形，绿色，早落。花辐状，黄色，花托倒卵形，顶端截形并凹陷，基部渐狭，绿色，疏生突出的小窠，小窠具短绵毛、倒刺刚毛和钻形刺。浆果倒卵球形，顶端凹陷，基部多少狭缩成柄状，表面平滑无毛，紫红色，每侧具 5~10 个突起的小窠，小窠具短绵毛、倒刺刚毛和钻形刺。

【生境分布】村旁或逸生于干燥林缘树干上或岩石上。全省沿海各地均有分布。

【传统用药】根茎入药；苦，寒；行气活血，凉血止血，解毒消肿；用于胃痛，痞块，痢疾，喉痛，肺热咳嗽，肺痨咯血，吐血，痔血，疮疡疔疖，乳痈，痄腮，癣疾，蛇虫咬伤，烫伤，冻伤。花入药；甘，凉；凉血止血；用于吐血。果实入药；甘，凉；益胃健脾，除烦止渴；用于胃阴不足，烦热口渴。

【应用推介】沙滩、砂质地灌木，防风固沙。植株肉质，花色鲜艳、较大，观赏性强。可开发特色仙人掌沙滩。综合价值量化得分 62 分。

【附　　注】《中国植物志》记载本种的拉丁学名为 *Opuntia stricta* (Haw.) Haw. var. *dillenii* (Ker-Gawl.) Benson。

118. 琉璃繁缕

Anagallis arvensis L.

【科　　属】报春花科 Primulaceae 琉璃繁缕属 *Anagallis*。

【植物识别】一年生或二年生草本。茎四棱形，高 10~30cm。叶对生，有时 3 枚轮生，叶圆卵形或窄卵形，无柄。花单生叶腋；花梗纤细；花冠辐状，淡红色至橙红色，深裂近基部，有腺状小缘毛。蒴果。

【生境分布】生于沙地、砂质土、田野及荒地中。分布于福州（平潭）。

【传统用药】全草入药。苦、酸，温。祛风散寒，活血解毒。用于鹤膝风，阴证疮疡，毒蛇及狂犬咬伤。

【应用推介】砂质海岸地被植物。植株较松散，匍蔓，花冠鲜艳，具观赏性。综合价值量化得分 34 分。

【附　　注】《福建植物志》记载本种的拉丁学名为 *Anagallis coerulea* Schreb.。此种花色淡红色至橙红色，省内于平潭砂岸可见分布，与变型蓝花琉璃繁缕 *Anagallis arvensis* L. f. *coerulea* (Schreb.) Baumg 常同时出现；内陆少见。蓝花琉璃繁缕生于田野、荒地，全省均有分布；与琉璃繁缕同等入药。

①②琉璃繁缕
③④⑤⑥蓝花琉璃繁缕

①	②
③	④
⑤	⑥

119. 匙羹藤 | 别名：武靴藤

Gymnema sylvestre (Retz.) Schult.

【科　　属】夹竹桃科 Apocynaceae 匙羹藤属 *Gymnema*。

【植物识别】藤本。幼枝被微柔毛。叶厚纸质，倒卵形或椭圆形，侧脉 4~5 对。聚伞花序被短柔毛；花冠绿白色，裂片卵形，附属物伸出；柱头短圆锥状，伸出花药之外。蓇葖果常单生，卵状披针形，长 5~9cm，无毛。

【生境分布】生于沿海灌丛，缠绕于植物或他物上。全省沿海各地均有分布。

【传统用药】根或嫩枝入药。微苦，凉；有毒。祛风止痛，解毒消肿。用于风湿痹痛，咽喉肿痛，瘰疬，乳痈，疮疖，湿疹，无名肿毒，毒蛇咬伤。

【现代研究】含三萜皂苷、黄酮、挥发油等活性成分。具降血糖、降血脂、抑制甜味反应、抗龋等药理作用。

【应用推介】丘陵地灌丛缠绕植物，防风。果形较特殊。综合价值量化得分 48 分。

【附　　注】本种原属于萝藦科 Asclepiadaceae。

120. 小花琉璃草 ｜ 别名：山芬芦、牙痛草

Cynoglossum lanceolatum Forsk.

【科　　属】紫草科 Boraginaceae 琉璃草属 *Cynoglossum*。

【植物识别】多年生草本，高达 70cm。茎直立，多分枝，分枝开展，密被糙伏毛。基生叶长圆形或长圆状披针形，两面被具基盘长糙伏毛；下部茎生叶披针形，长 4~7cm，宽约 1cm，上面密生具基盘硬毛，下面密生柔毛。花序分枝呈钝角开展；花萼裂片圆卵形，被毛；花冠钟状，淡蓝色，长 1.5~2.5mm，冠檐直径 2~2.5mm，喉部附属物半月形；花药圆卵形，长约 0.5mm，雌蕊基长约 2mm。小坚果密被锚状刺，背盘不明显。

【生境分布】生于丘陵、山坡草地及路边。全省各地均有分布。

【传统用药】全草入药。苦，凉。清热解毒，利水消肿。用于急性肾炎，牙周炎，牙周脓肿，下颌急性淋巴结炎，毒蛇咬伤。

【现代研究】含挥发油、多糖等活性成分。

【应用推介】固沙草本植物。其叶正面脉络清晰，果序及果实形态较为特殊，具观叶、观花果价值。可综合开发为砂质海岸固沙、观赏草本层。综合价值量化得分 37 分。

121. 南方菟丝子 | 别名：金丝草、面线草、无须藤

Cuscuta australis R. Br.

【科　　属】旋花科 Convolvulaceae 菟丝子属 *Cuscuta*。

【植物识别】一年生寄生草本。茎缠绕，金黄色，纤细，直径 1mm 左右，无叶。花序侧生，少花或多花簇生成小伞形或小团伞花序，总花序梗近无；花萼杯状，基部联合，裂片 3~5，通常不等大；花冠乳白色或淡黄色，杯状，长约 2mm，裂片卵形或长圆形，直立，宿存。蒴果扁球形，直径 3~4mm，下半部为宿存花冠所包，成熟时不规则开裂，不为周裂；通常种子 4，淡褐色，卵形，长约 1.5mm，表面粗糙。

【生境分布】寄生于田边、路旁的草本或小灌木上。全省各地均有分布。

【传统用药】种子入药（菟丝子）。辛、甘，平。补益肝肾，固精缩尿，安胎，明目，止泻；外用于消风祛斑。用于肝肾不足，腰膝酸软，阳痿遗精，遗尿尿频，肾虚胎漏，胎动不安，目昏耳鸣，脾肾虚泻；外治白癜风。

【现代研究】含生物碱等活性成分。具增强性腺、增强免疫、防治心肌缺血等药理作用。

【应用推介】本种缠绕茎颜色鲜艳，在严格管理控制数量的情况下，可作为特殊形态植物，展示生物多样性。综合价值量化得分 46 分。

122. 洋金花 | 别名：白曼陀罗、闹洋花、喇叭花

Datura metel L.

【科 属】茄科 Solanaceae 曼陀罗属 *Datura*。

【植物识别】一年生直立草本而呈半灌木状，高 0.5~1.5m。茎基部稍木质化。叶卵形或广卵形，边缘有不规则的短齿或浅裂，或者全缘而波状。花单生于枝杈间或叶腋；花萼筒状，长 4~9cm，裂片狭三角形或披针形，果时宿存部分增大成浅盘状；花冠长漏斗状，长 14~20cm，檐部直径 6~10cm，筒中部之下较细，向上扩大成喇叭状，裂片顶端有小尖头，多白色。蒴果近球状或扁球状，疏生粗短刺，成熟时不规则 4 瓣裂。

【生境分布】常生于住宅旁、路边或草地上，也有作药用或观赏而栽培。分布于漳州（东山）、莆田（秀屿）、福州（连江、平潭）等地。

【传统用药】花入药（洋金花）。辛，温；有毒。平喘止咳，麻醉止痛，解痉止搐。用于哮喘咳嗽，脘腹冷痛，风湿痹痛，癫痫，惊风，外科麻醉。

【现代研究】含醉茄内酯、生物碱、黄酮、倍半萜、木脂素、酚酸、挥发油等活性成分。具兴奋神经中枢、镇静、镇痛、减慢呼吸、拮抗肾上腺素引发的心律紊乱、杀虫、除菌等药理作用。

【应用推介】砂质地较大型草本层植物。花期可采收花作中药材进行合理开发。花漏斗状、大，亦可作观花植物。综合价值量化得分 63 分。

123. 苦蘵 ｜ 别名：灯笼草、朴朴子草、泡仔草

Physalis angulata L.

【科　　属】茄科 Solanaceae 酸浆属 *Physalis*。

【植物识别】一年生草本，高达 50cm。茎疏被短柔毛或近无毛。叶卵形或卵状椭圆形，全缘或具不等大牙齿。花梗纤细；花萼裂片披针形，具缘毛；花冠淡黄色，喉部具紫色斑纹，直径 6~8mm；花药蓝紫色或黄色。宿存萼卵球状，直径 1.5~2.5cm，薄纸质；浆果。种子盘状。

【生境分布】生于山谷林下及村边路旁。全省各地均有分布。

【传统用药】全草入药。甘、淡，凉。补肾强腰，解毒消肿。用于肾虚腰痛，疝气，睾丸肿痛，白带异常，痈肿。

【应用推介】砂质海岸草本植物。果实形态奇特，具观赏价值。综合价值量化得分 37 分。

124. 兰香草 | 别名：莸、山薄荷、九层塔

Caryopteris incana (Thunb. ex Hout.) Miq.

【科　　属】唇形科 Lamiaceae 莸属 *Caryopteris*。

【植物识别】亚灌木，高达 60cm。幼枝被灰白色短柔毛，后脱落。叶披针形、卵形或长圆形，边缘具粗齿，两面被黄色腺点及柔毛。伞房状聚伞花序密集；花冠淡蓝色或淡紫色，被柔毛，冠筒喉部被毛环，下唇中裂片边缘流苏状；子房顶端被短毛。蒴果倒卵状球形，被粗毛，果瓣具宽翅。

【生境分布】多生于较干旱的山坡、路旁或林边。全省各地均有分布，沿海各地尤为常见。

【传统用药】全草入药。辛，温。疏风解表，祛寒除湿，散瘀止痛。用于风寒感冒，头痛，咳嗽，脘腹冷痛，伤食吐泻，寒瘀痛经，瘀滞腹痛，风寒痹痛，跌打瘀肿，阴疽不消，湿疹，蛇伤。

【现代研究】含黄酮、挥发油等活性成分。具抗炎、抗氧化等药理作用。

【应用推介】砂质地地被草本植物。花序多花，颜色鲜艳，可作为观赏草本。综合价值量化得分 61 分。

【附　　注】本种原属于马鞭草科 Verbenaceae，《中国植物志》《福建植物志》记载其拉丁学名为 *Caryopteris incana* (Thunb.) Miq.。

125. 益母草 | 别名：红花艾

Leonurus japonicus Houttuyn

【科　　属】唇形科 Lamiaceae 益母草属 *Leonurus*。

【植物识别】一年生或二年生草本。茎直立，通常高 30~120cm，钝四棱形，微具槽，有倒向糙伏毛，在节及棱上尤为密集。茎下部叶卵形，掌状 3 裂，裂片呈长圆状菱形至卵圆形，裂片上再分裂；茎中部叶菱形，常分裂成 3 个长圆状线形的裂片；花序最上部的苞叶近无柄，线形或线状披针形。轮伞花序腋生，具花 8~15 朵；无花梗；花冠粉红色至淡紫红色，冠檐二唇形；雄蕊 4，二强；花盘平顶。小坚果长圆状三棱形，顶端截平而略宽大，光滑。

【生境分布】生于田野、路边、屋后等处。全省各地均有分布。

【传统用药】地上部分入药（益母草）；苦、辛，微寒；活血调经，利尿消肿，清热解毒；用于月经不调，痛经经闭，恶露不净，水肿尿少，疮疡肿毒。果实入药（茺蔚子）；辛、苦，寒；活血调经，清肝明目。用于月经不调，经闭痛经，目赤翳障，头晕胀痛。

【现代研究】含生物碱、二萜、黄酮、苯乙醇苷、苯丙素、香豆素、三萜、有机酸、挥发油等活性成分。具抗氧化、抗炎、镇痛等药理作用。

【应用推介】株形良好，花色鲜艳，且为全草类、果实及种子类中药材，可综合开发为沙岸观赏、药用种植草本层。综合价值量化得分 47 分。

【附　　注】《中国植物志》记载本种的拉丁学名为 *Leonurus artemisia* (Lour.) S. Y. Hu。

126. 白绒草 ｜ 别名：万毒虎、白花仔、糖鸡草

Leucas mollissima Wall.

【科　　属】唇形科 Lamiaceae 绣球防风属 *Leucas*。

【植物识别】直立草本，高达 1m。茎细长，扭曲，被白色平伏柔毛状绒毛，多分枝，节间长。叶卵形，边缘具圆齿状锯齿，两面密被柔毛状绒毛。轮伞花序球状；花萼管形，密被长柔毛，萼口平截，10 脉显著，萼齿 10，长三角形，长约 1mm，果时直立；花冠白色，冠筒长约 7mm，下唇较上唇长 1.5 倍。小坚果黑褐色，卵球状三棱形。

【生境分布】生于阳性灌丛，路旁，草地及荫蔽和溪边的润湿地上。全省沿海各地均有分布。

【传统用药】全草入药。苦、微辛，平。清肺，明目，解毒。用于肺热咳嗽，胸痛，咽喉肿痛，目赤青盲，乳痈，湿疹，跌打损伤。

【应用推介】砂质地草本－亚灌木层植物。综合价值量化得分 46 分。

127. 列当

Orobanche coerulescens Steph.

【科　　属】列当科 Orobanchaceae 列当属 *Orobanche*。

【植物识别】二年生或多年生寄生草本，高达 50cm。全株密被蛛丝状长绵毛。茎不分枝。叶卵状披针形，连同苞片、花萼外面及边缘密被蛛丝状长绵毛。穗状花序；苞片与叶同形，近等大；花萼 2 深裂至近基部；花冠深蓝色、蓝紫色或淡紫色，筒部在花丝着生处稍上方缢缩，上唇 2 浅裂，下唇 3 中裂，边缘具不规则小圆齿。蒴果卵状长圆形或圆柱形。

【生境分布】生于山坡林下、沿海沙岸、木麻黄林间隙沙地。分布于福州（平潭）、宁德（霞浦、柘荣）等地。

【传统用药】全草入药。甘，温。补肾壮阳，强筋骨，润肠。用于肾虚阳痿，遗精，宫冷不孕，小儿佝偻病，腰膝冷痛，筋骨软弱，肠燥便秘；外治小儿肠炎。

【现代研究】含苯乙醇苷、木脂素、萜类等活性成分。具抗氧化、抗菌、增强免疫、雄性激素样等药理作用。

【应用推介】沙岸寄生草本层植物。花序较大，色艳，具一定的观赏性。综合价值量化得分 33 分。

【附　　注】本种为福建新分布（2017 年）。

128. 桔梗 ｜ 别名：白药、枯草、土人参

Platycodon grandiflorus (Jacq.) A. DC.

【科　　属】桔梗科 Campanulaceae 桔梗属 *Platycodon*。

【植物识别】多年生草本，具白色乳汁。肉质直根，膨大。茎直立，不分枝，有时上部分枝。叶轮生、部分轮生至全部互生，卵形、卵状椭圆形或披针形，上面无毛而绿色，下面常无毛而有白粉，边缘具细锯齿。花单朵顶生，或数朵集成假总状花序，或有花序分枝而集成圆锥花序；花萼筒部半圆球状或圆球状倒锥形，被白粉，5 裂，裂片三角形或窄三角形，有时齿状；花冠漏斗状钟形，长 1.5~4cm，蓝色或紫色，5 裂；子房半下位，柱头 5 裂。蒴果球状、球状倒圆锥形或倒卵圆形，在顶端室背 5 裂。

【生境分布】生于阳处草丛、灌丛中，少生于林下。分布于漳州（东山）、泉州（惠安）、福州（长乐）等地。

【传统用药】根入药（桔梗）。苦、辛，平。宣肺，利咽，祛痰，排脓。用于咳嗽痰多，胸闷不畅，咽痛音哑，肺痈吐脓。

【现代研究】含皂苷、黄酮、多聚糖、脂肪油、脂肪酸、无机元素等活性成分。具抗炎、抑菌、抗肿瘤、降血脂、降血糖、抗氧化、保肝、抗肺损伤、免疫调节、抗肥胖等药理作用。

【应用推介】砂质地草本植物。可于沿海丘陵地规划根类中药材的种植开发。其花型中等，花色艳，亦是优良的观花植物。综合价值量化得分 52 分。

129. 蓝花参 | 别名：寒草、金线吊乌龟、兰花参

Wahlenbergia marginata (Thunb.) A. DC.

【科　　属】桔梗科 Campanulaceae 蓝花参属 *Wahlenbergia*。

【植物识别】多年生草本，有白色乳汁。茎自基部多分枝，直立或上升。叶互生，常在茎下部密集，下部叶匙形至椭圆形，上部叶线状披针形或椭圆形。萼筒倒卵状圆锥形，裂片三角状钻形，宿存；花冠钟状，蓝色，分裂达 2/3；子房下位。蒴果倒圆锥状或倒卵状圆锥形。

【生境分布】生于山坡路旁或路边、田边。全省各地均有分布。

【传统用药】根或全草入药。甘、微苦，平。益气脾健，止咳祛痰，止血。用于虚损劳伤，自汗，盗汗，小儿疳积，白带异常，感冒，咳嗽，衄血，疟疾，瘰疬。

【现代研究】含甾体、苯丙素、聚炔类、萜类、挥发油等活性成分。具保肝、抗氧化等药理作用。

【应用推介】沙岸地被植物。花色鲜艳，根粗壮，可开发为草本层观赏性药用植物。综合价值量化得分 48 分。

130. 鬼针草 | 别名：三叶鬼针草、盲肠草、一包针

Bidens pilosa L.

【科　　属】菊科 Asteraceae 鬼针草属 *Bidens*。

【植物识别】一年生草本。茎下部叶 3 裂或不裂，花前枯萎；中部叶为三出羽状复叶；上部叶 3 裂或不裂，线状披针形。头状花序直径 8~9mm，花序梗长 1~6cm；外层总苞片 7~8，线状匙形，草质，背面无毛或边缘有疏柔毛；无舌状花，盘花黄色，筒状，冠檐 5 齿裂。瘦果熟时黑色，线形，具棱，上部具稀疏瘤突及刚毛，顶端芒刺 3~4，具倒刺毛。

【生境分布】生于村旁、路边及荒地。全省各地均有分布。

【传统用药】全草入药。苦，微寒。清热解毒，祛风除湿，活血消肿。用于咽喉肿痛，泄泻，痢疾，黄疸，肠痈，疔疮肿毒，蛇虫咬伤，风湿痹痛，跌打损伤。

【现代研究】具抗肿瘤、抑菌、抗病毒、降血压、抗炎、镇痛、拟胆碱、抗氧化、降血脂、保肝、脑损伤保护、心肌缺血保护、降血糖等药理作用。

【应用推介】生长快速，可在短时间内发挥沙岸固沙作用，但繁殖能力太强，需加强控制。头序花序众多，具一定的观赏价值。综合价值量化得分 43 分。

【附　　注】福建沿海更多见白花鬼针草 *Bidens pilosa* L. var. *radiata* Sch.，其为外来入侵种，现已修订并入鬼针草 *Bidens pilosa* L.。二者区别在于前者具白色舌状花。

131. 蓟 | 别名：大蓟、六月霜、鸡母刺

Cirsium japonicum Fisch. ex DC.

【科　　属】菊科 Asteraceae 蓟属 *Cirsium*。

【植物识别】多年生草本。叶卵形至长椭圆形，基部向上的茎生叶渐小，羽状深裂或几全裂，基部渐窄成翼柄，边缘有针刺及刺齿，侧裂片卵状披针形至三角状披针形，有小锯齿或二回状分裂。头状花序直立，顶生；总苞钟状，约 6 层，覆瓦状排列，向内层渐长。小花红色或紫色。瘦果扁，偏斜楔状倒披针状，冠毛浅褐色。

【生境分布】生于山坡林中、林缘、灌丛中、草地、荒地、田间、路旁或溪旁。全省各地均有分布。

【传统用药】地上部分入药（大蓟）。甘、苦，凉。凉血止血，散瘀解毒消痈。用于衄血，吐血，尿血，便血，崩漏，外伤出血，痈肿疮毒。

【现代研究】含黄酮类、甾类、长链炔（烯）醇与醛类等活性成分。具有保肝、止血、抗炎、降血糖等药理作用。

【应用推介】广泛分布草本，沙岸、砂质地亦多见分布。可作全草类中药材合理开发。其叶大，有刺；头状花序大，色艳，可作观叶观花植物。综合价值量化得分 54 分。

132. 华东蓝刺头

Echinops grijsii Hance

【科　　属】菊科 Asteraceae 蓝刺头属 *Echinops*。

【植物识别】多年生草本。茎单生，上部有花序分枝，基部有棕褐色残存的撕裂状叶柄，茎枝灰白色，被密厚的蛛丝状绵毛。叶羽状深裂，侧裂片 4~5（7）对，边缘有细密刺状缘毛；茎叶两面异色，上面绿色，下面灰白色，被密厚的蛛丝状绵毛。复头状花序单生枝端或茎顶；小花蓝色或浅蓝白色，长 1cm，花冠 5 深裂，花冠管外面有腺点。瘦果倒圆锥状，长 1cm，被密厚的顺向贴伏的棕黄色长直毛。

【生境分布】生于丘陵山坡草地。全省沿海各地均有分布。

【传统用药】根入药（禹州漏芦）。甘、涩，微寒。涩肠止泻，收敛止血。用于久泻久痢，大便出血，崩漏带下。

【应用推介】砂质地草本层植物。可于向阳丘陵地推广种植，作为根类中药材合理开发。其叶大、叶白，有刺；头状花序大，色艳，亦可作观叶观花植物。综合价值量化得分 55 分。

133. 鳢肠 | 别名：千莲草、墨汁草、白田乌草

Eclipta prostrata (L.) L.

【科　　属】菊科 Asteraceae 鳢肠属 *Eclipta*。

【植物识别】一年生草本。茎基部分枝，被贴生糙毛。叶长圆状披针形或披针形，边缘有细锯齿或呈波状，两面密被糙毛，无柄或柄极短。头状花序直径 6~8mm；总苞球状钟形，总苞片绿色，草质，5~6 个排成 2 层，长圆形或长圆状披针形，背面及边缘被白色伏毛；外围雌花 2 层，舌状，舌片先端 2 浅裂或全缘；中央两性花多数，花冠管状，白色。瘦果暗褐色，雌花瘦果三棱形，两性花瘦果扁四棱形，边缘具白色肋，有小瘤状突起，无毛。

【生境分布】生于河边，田边或路旁。全省各地均有分布。

【传统用药】地上部分入药（墨旱莲）。甘、酸，寒。滋补肝肾，凉血止血。用于肝肾阴虚，牙齿松动，须发早白，眩晕耳鸣，腰膝酸软，阴虚血热吐血、衄血、尿血，血痢，崩漏下血，外伤出血。

【现代研究】含三萜皂苷、芳杂环类、甾体生物碱、挥发油等活性成分。具保肝、免疫调节、抗炎、抗蛇毒、抗诱变、止血、降压等药理作用。

【应用推介】沙滩、砂质地地被草本植物。可适当推广种植，用于全草类中药材开发。综合价值量化得分 39 分。

134. 鹅不食草 | 别名：球菊

Epaltes australis Less.

【科　　属】菊科 Asteraceae 球菊属 *Epaltes*。

【植物识别】一年生草本。茎枝铺散或匍匐状，基部多分枝，有细沟纹。叶厚，倒卵形或倒卵状长圆形，边缘有不规则的粗锯齿。头状花序多数，扁球形，侧生，单生或双生；总苞片 4 层，绿色，干膜质；雌花多数，长约 1mm，檐部 3 齿裂，有疏腺点；两性花约 20 朵，长约 2mm，花冠圆筒形，檐部 4 裂，有腺点；雄蕊 4 个。瘦果近圆柱形，10 条棱，具疣状突起。

【生境分布】生于旷野沙地或旱田中。分布于南部沿海及岛屿。

【传统用药】全草入药（鹅不食草）。辛，温。祛瘀止痛。用于跌打损伤，目赤肿痛。

【现代研究】含挥发油、甾醇类、黄酮、三萜等活性成分。具抗过敏、抗炎、抗诱变、抗癌等药理作用。

【应用推介】砂质地匍蔓性地被草本植物。综合价值量化得分 31 分。

【附　　注】《中国植物志》《福建植物志》记载本种的中文名为球菊。

135. 银胶菊

Parthenium hysterophorus L.

【科　　属】菊科 Asteraceae 银胶菊属 *Parthenium*。

【植物识别】一年生草本。茎多分枝，被柔毛。茎下部和中部叶二回羽状深裂，连叶柄长 10~19cm，羽片 3~4 对；上部叶无柄，羽裂，裂片线状长圆形，有时指状 3 裂。头状花序多数，直径 3~4mm，在茎枝顶端排成伞房状；总苞宽钟形或近半球形，直径约 5mm，总苞片 2 层；舌状花 1 层，5 个，白色；管状花多数；雄蕊 4。雌花瘦果倒卵圆形；冠毛 2，鳞片状。

【生境分布】生于路旁旷野、河边及坡地上。全省沿海各地均有分布。

【传统用药】全草入药。用于疮疡肿毒。

【现代研究】含挥发油、小白菊内酯等活性成分。具抑制烟草花叶病毒药理作用。对人、畜（牛）易引起过敏性皮炎。

【应用推介】头状花序多而扩散，白色，在沙岸中具较高观赏价值。但入侵危害级别较高，需要严格控制数量。综合价值量化得分 36 分。

136. 苍耳 | 别名：羊带来、粘粘葵

Xanthium strumarium L.

【科　　属】菊科 Asteraceae 苍耳属 *Xanthium*。

【植物识别】一年生草本。茎下部叶心形；中部叶心状卵形，3~5 浅裂，基部微心形或近平截，与叶柄连接处呈楔形或偏楔形，边缘有不规则波状齿，基脉 3 出；上部叶长三角形。雄头状花序着生茎枝上端，球形，雄花花冠管状，上部漏斗状；雌头状花序卵形或卵状椭圆形，内层结合成囊状，背面有密而等长的刺；具瘦果的成熟总苞连同喙部长 0.8~1.1cm，喙直立，锥状，顶端内弯成镰刀状，基部被棕褐色柔毛。瘦果 2，倒卵圆形。

【生境分布】生于村旁宅边的沙质土上。全省各地均有分布。

【传统用药】带总苞的果实入药（苍耳子）。辛、苦，温；有毒。散风湿，通鼻窍，止痛杀虫。用于风寒头痛，鼻塞流涕，齿痛，风寒湿痹，四肢挛痛，疥癣，瘙痒。

【现代研究】含挥发油等活性成分。

【应用推介】砂质地草本层植物，防风固沙。可于沙岸推广种植，以作果实类中药材开发。综合价值量化得分 39 分。

【附　　注】福建沿海可见偏基苍耳 *Xanthium inaequilaterum* DC.，已修订并入苍耳 *Xanthium strumarium* L.。

参考文献

[1] 陈怀远，涂林锋，肖春荣，等．单叶蔓荆子的化学成分研究[J]. 中国中药杂志，2018, 43(18): 3694-3700.
[2] 陈君，林世炜，韦建华，等．白花鬼针草化学成分预实验[J]. 北方药学，2013, 10(2): 39-40.
[3] 陈兰妹，唐灵芝，吴雅茗，等．刺苋根提取物化学成分分析及其排石活性初探[J]. 中国民族民间医药，2016, 25(5): 6-8.
[4] 陈琳，穆淑珍，姜春勇，等．猩猩草化学成分的研究[J]. 时珍国医国药，2011, 22(6): 1329-1330.
[5] 陈玩珊，胡新华，原文鹏．酸模叶的化学成分研究[J]. 中华中医药杂志，2019, 34(8): 3769-3771.
[6] 陈小龙，滕红丽，沈玉霞，等．铁包金总黄酮体内对S180实体瘤的抑制作用[J]. 中国药理学通报，2011, 27(1): 121-124.
[7] 池晓会，谭成玉，孟繁桐，等．补血草属植物化学成分及生物活性的研究进展[J]. 精细与专用化学品，2014, 22(3): 35-39.
[8] 戴航，黄立兰，郭育晖，等．苦槛蓝叶中的黄酮类化合物[J]. 热带亚热带植物学报，2013, 21(3): 266-272.
[9] 刁建新，马文校，戴凤翔，等．铁包金通过APE1调节凋亡相关蛋白防治慢加急性肝衰竭大鼠的作用[J]. 中药新药与临床药理，2016, 27(6): 794-799.
[10] 杜沛霖，周雨晴，黄贵华，等．千斤拔属植物的化学成分·药理作用·临床应用研究进展[J]. 安徽农业科学，2017, 45(6): 109-111.
[11] 冯小慧，邓家刚，秦健峰，等．海洋中药厚藤的化学成分及药理活性研究进展[J]. 中草药，2018, 49(4): 955-964.
[12] 冯小慧，韦桃婷，邓家刚，等．海洋中药厚藤的质量标准研究[J]. 广西科学，2019, 26(5): 503-510.
[13] 林景亮．福建省海岸带和滩涂资源综合调查报告[M]. 北京：海洋出版社，1990.
[14] 福建省海岛资源综合调查编委会．福建省海岛资源综合调查研究报告[M]. 北京：海洋出版社，1996.
[15] 福建省科学技术委员会，《福建植物志》编写组．福建植物志：第1-6卷[M]. 福州：福建科学技术出版社，1982-1995.
[16] 福建省中医药研究院．福建药物志：第1-2卷[M]. 修订本．福州：福建科学技术出版社，1994.
[17] 傅丽霞，黄崇刚，林明宝，等．鸦胆子苦木内酯类成分及其药理活性研究进展[J]. 中国药理学通报，2016, 32(11): 1481-1486.
[18] 甘甲甲，陈文豪，关亚丽．不同居群银胶菊的挥发性化学成分分析[J]. 西北林学院学报，2016, 31(3): 239-242.
[19] 高雪，陈刚．单叶蔓荆果实中多甲氧基黄酮类成分的分离、鉴定及细胞毒活性分析[J]. 植物资源

与环境学报, 2015, 24(2): 118-120.
[20] 国家药典委员会. 中华人民共和国药典: 一部 [M]. 北京: 中国医药科技出版社, 2020.
[21] 国家中医药管理局《中华本草》编委会. 中华本草 [M]. 上海: 上海科学技术出版社, 1999.
[22] 侯坤, 许浚, 张铁军. 蓟属药用植物的化学成分和药理作用研究进展 [J]. 中草药, 2010, 41(3): 506-509.
[23] 黄大兵, 王玲玉, 潘跃银. 基于网络药理学的鸦胆子活性成分抗肿瘤分子机制 [J]. 安徽中医药大学学报, 2019, 38(4): 76-81.
[24] 黄媛, 张鹏程, 杨康, 等. 大理单刺仙人掌提取物抑菌效果及抑菌机理的初步探讨 [J]. 大理学院学报, 2014, 13(8): 15-18.
[25] 黄运喜, 易骏, 吴建国, 等. 鳢肠不同部位抗骨质疏松活性及化学成分比较研究 [J]. 天然产物研究与开发, 2014, 26(8): 1229-1232, 1298.
[26] 纪晓宁, 石磊, 王涌, 等. 兰香草的化学成分研究 [J]. 天然产物研究与开发, 2014, A1(26): 16-18.
[27] 季宇彬, 辛国松, 曲中原, 等. 石蒜属植物生物碱类化学成分和药理作用研究进展 [J]. 中草药, 2016, 47(1): 157-164.
[28] 贾丽华, 姚明達, 裴贵珍. 曼陀罗化学成分及其功效临床研究概述 [J]. 兵团医学, 2018(2): 47-49.
[29] 江苏省植物研究所, 中国医学科学院药物研究所, 中国科学院昆明植物研究所. 新华本草纲要: 第1-3册 [M]. 上海: 上海科学技术出版社, 1988.
[30] 李海燕, 王茂媛, 邓必玉, 等. 海杧果茎的挥发性成分研究 [J]. 时珍国医国药, 2010, 21(7): 1676-1677.
[31] 李海燕, 王茂媛, 王建荣, 等. 海杧果根的挥发性成分分析 [J]. 中药材, 2010, 33(1): 64-66.
[32] 李慧宁, 刘洪蛟, 付小帅, 等. HPLC-ELSD 同时测定链荚豆中胡萝卜苷和 β- 谷甾醇含量 [J]. 中国实验方剂学杂志, 2013, 19(1): 119-121.
[33] 李烈辉, 张洪冰, 杨成梓, 等. 滨海前胡不同部位挥发油化学成分 GC-MS 分析 [J]. 亚热带植物科学, 2015, 44(4): 279-283.
[34] 李敏, 刘红星, 黄初升, 等. 草海桐叶的主要挥发性化学成分及抑菌活性 [J]. 化工技术与开发, 2015, 44(1): 10-14.
[35] 李帅霖, 孙琳, 富艳彬, 等. 蔓性千斤拔的化学成分研究 [J]. 中国药物化学杂志, 2017, 27(6): 462-465.
[36] 李希珍, 张浩, 王翠竹, 等. 曼陀罗化学成分及生物活性研究进展 [J]. 特产研究, 2014, 36(2): 75-78.
[37] 李显珍, 李春远, 谷文祥, 等. 苦槛蓝挥发油中苦槛兰酮的分离、鉴定与生物活性 [J]. 广东化工, 2010, 37(9): 9-10.
[38] 李泳新, 于霞, 于善江, 等. 红树植物海漆中的酚苷类化合物 (英文)[J]. 中国药学 (英文版), 2010, 19(4): 256-259.
[39] 连林旺, 张直峰, 李瑜婷, 等. 齿果酸模叶片总黄酮超声波辅助提取工艺及抗氧化性 [J]. 湖北农

业科学，2014, 53(14): 3379-3382, 3401.
[40] 廖日权，苏本伟，龚斌，等．阔苞菊叶黄酮化合物提取工艺及抗氧化活性[J]. 钦州学院学报，2017, 32(5): 1-7.
[41] 林文谋，黄晓冬，黄晓昆，等．南方碱蓬叶总黄酮微波－碱水法提取工艺[J]. 泉州师范学院学报，2013, 31(2): 79-83.
[42] 林雨珊，吕秋月，陈四保．鹅不食草中倍半萜内酯成分及其抗肿瘤活性的研究[J]. 中南药学，2019, 17(3): 356-360.
[43] 林远灿，高明．鹅不食草的化学成分及药理研究进展[J]. 浙江中医药大学学报，2011, 35(2): 303-304.
[44] 刘冰，刘夙，冯真豪．多识植物百科·多识被子植物系统[EB/OL]. (2017-03-20)[2020-08-25]. http://duocet.ibiodiversity.net/.
[45] 刘洪蛟，雷鸣，胡艳丽，等．HPLC 法测定链荚豆根中水杨酸的含量[J]. 沈阳药科大学学报，2013, 30(5): 356-358.
[46] 刘金荣．白茅根的化学成分、药理作用及临床应用[J]. 山东中医杂志，2014, 33(12): 1021-1024.
[47] 刘娜．鬼针草药理作用研究进展[J]. 海峡药学，2019, 31(12): 64-67.
[48] 刘清茹，彭文达，谢冰，等．芦竹的化学成分与生物活性研究进展[J]. 中药材，2014, 37(10): 1892-1895.
[49] 刘松艳，张沐新，吴月红，等．藜中黄酮类化学成分及抑菌效果的研究[J]. 东北师大学报(自然科学版), 2011, 43(1): 93-96.
[50] 刘小芬，陈舒婷．闽台草药鹿角草药用探究[J]. 闽南师范大学学报(自然科学版), 2017, 30(4): 72-78.
[51] 刘兴宽．中华补血草的化学成分研究[J]. 中草药，2011, 42(2): 230-233.
[52] 刘志平，周敏，刘盛，等．构棘果中 2 个苯并吡喃异黄酮的分离及其抗肿瘤活性筛选[J]. 中草药，2013, 44(13): 1734-1737.
[53] 马曼迪，万亚珍，张文辉，等．藜提取物杀虫活性成分初步分离与其对萝卜蚜的活性研究[J]. 中国植保导刊，2019, 39(10): 10-13, 19.
[54] 马宁宁，陈光英，宋小平，等．匍匐滨藜的化学成分[J]. 中成药，2013, 35(5): 982-985.
[55] 缪天琳，张跃华，李文龙，等．小花琉璃草多糖提取工艺研究[J]. 安徽农业科学，2013, 41(33): 12841-12842, 12845.
[56] 莫德娟，李敏一．中国海南半红树植物海漆的化学成分研究[J]. 天然产物研究与开发，2017, 29(1): 52-57.
[57] 南京中医药大学．中药大辞典[M]. 2 版．上海：上海科学技术出版社，2006.
[58] 牛红梅，王跃虎，王鸿升，等．车桑子属植物化学成分与生物活性研究进展[J]. 西南林学院学报，2010, 30(2): 83-88.
[59] 潘少斌，孔娜，李静，等．香附化学成分及药理作用研究进展[J]. 中国现代中药，2019, 21(10):

1429–1434.
[60] 彭丽华，成金乐，詹若挺，等．露兜树属植物化学成分和药理活性研究进展[J]．中药材，2010, 33(4): 640–643.
[61] 祁伟亮，刘超迪，陈存，等．两酢浆草品种的生物活性成分及提取工艺探究[J]．成都师范学院学报，2018, 34(7): 94–100.
[62] 乔晶晶，吴啟南，薛敏，等．益母草化学成分与药理作用研究进展[J]．中草药，2018, 49(23): 5691–5704.
[63] 丘芬，田辉，张志，等．药用红树植物黄槿嫩枝叶醇提物的抗炎镇痛止血作用研究[J]．中药材，2013, 36(10): 1648–1651.
[64] 任朝琴，袁玮，朱斌，等．蔓性千斤拔醋酸乙酯部位的化学成分研究[J]．时珍国医国药，2012, 23(5): 1102–1103.
[65] 尚金燕，历娜，杨雪．肾叶打碗花总黄酮含量的分析[J]．药学研究，2014, 33(6): 326–327.
[66] 宋龙，徐宏喜，杨莉，等．飞扬草的化学成分与药理活性研究概况[J]．中药材，2012, 35(6): 1003–1009.
[67] 孙辉，李雅静，方磊，等．蔓性千斤拔的指纹图谱及黄酮成分含量测定[J]．广东医科大学学报，2018, 36(1): 44–48.
[68] 孙远南，冯健．茵陈蒿的化学成分与药理作用研究进展[J]．中国现代医生，2011, 49(21): 12–14.
[69] 谭银丰，李志锋，张彩云，等．黄槿抗炎活性部位的初探[J]．中国医药指南，2012, 10(27): 77–78.
[70] 唐贤明，刘小霞，孟凡同，等．海马齿和长茎葡萄蕨藻的营养成分分析及评价[J]．热带生物学报，2018, 9(2): 129–135.
[71] 万仲贤，吴建国，蔡巧燕，等．闽产白花鬼针草对人结肠癌 RKO 细胞的抑制作用及诱导凋亡[J]．福建中医药大学学报，2011, 21(1): 40–42.
[72] 王春景，乔继彪，邵丹丹，等．长萼鸡眼草的抗氧化性及其总酚和总黄酮的测定[J]．华西药学杂志，2013, 28(2): 175–177.
[73] 王海生，戴好富，王佩，等．木麻黄凋落物化学成分及其生物活性的研究[J]．天然产物研究与开发，2018, 30(3): 390–395, 533.
[74] 王吉文，房志坚，成金乐，等．HPLC 测定铁包金不同部位中蒽醌类成分的含量[J]．中药材，2014, 37(6): 957–960.
[75] 王娇，范贤，岑颖洲．千斤拔的抗肿瘤活性成分研究[J]．天然产物研究与开发，2013, 25(10): 1315–1319, 1361.
[76] 王景富，王静霞，滕云，等．药食两用植物酸模蒽醌类成分含量测定研究[J]．西南大学学报（自然科学版），2017, 39(4): 199–204.
[77] 王俊桐，王雪钰，刘金薇，等．羊蹄的化学成分及药理作用研究进展[J]．长春中医药大学学报，2018, 34(5): 1025–1027.
[78] 王伟伟，王琳．仙人掌化学成分及药理研究进展[J]．中国中医药咨讯，2010, 31(2): 1–2.

[79] 王岩，高建伟，王伟，等．蔓性千斤拔黄酮类成分提取及抗氧化活性研究 [J]. 食品科技，2017, 42(5): 199-203.
[80] 魏金凤，许艳东，曹鹏然，等．HS-SPME-GC/MS 法分析石刁柏果皮及种子中挥发性成分 [J]. 河南大学学报 (医学版), 2015, 34(4): 244-246.
[81] 吴凌莉，刘扬，陈美红，等．鹅不食草的化学成分研究 [J]. 中南药学，2016, 14(4): 351-354.
[82] 吴燕红，肖兵，付辉政，等．石刁柏化学成分研究 [J]. 中国现代中药，2016, 18(12): 1571-1573.
[83] 肖庆，周春权，韩静，等．蓝花参化学成分研究进展 [J]. 亚太传统医药，2015, 11(8): 33-35.
[84] 谢臻，陈勇，唐春丽，等．地桃花化学成分研究进展 [J]. 广西中医学院学报，2011, 14(1): 70-71.
[85] 徐海根，王健明，强胜，等．外来物种入侵・生物安全・遗传资源 [M]. 北京：科学出版社，2004.
[86] 徐煜纯，谢明容，刘少烽，等．HPLC 法测定壮药铁包金中大黄素、大黄酚的含量 [J]. 广东药学院学报，2014, 30(2): 169-172.
[87] 闫利华，蒙蒙，张启伟，等．蔓性千斤拔抗氧化活性部位的化学成分研究 [J]. 中国药学杂志，2013, 48(15): 1249-1254.
[88] 杨勇勋，马金华．民族药过江藤的化学成分及药理作用研究进展 [J]. 中国民族民间医药，2018, 27(1): 69-74.
[89] 叶慧娟，戴航，吴伦秀，等．苦槛蓝叶的化学成分及其抑菌活性研究 [J]. 热带亚热带植物学报，2014, 22(3): 307-313.
[90] 袁明贵，高启云，徐志宏，等．白花鬼针草两种提取物的抗炎活性比较研究 [J]. 黑龙江畜牧兽医，2018(13): 167-169.
[91] 曾恕芬，丁艳芬，杨崇仁．民间中草药刺苋的化学与药理研究进展 [J]. 中国民族民间医药，2012, 21(14): 42-43.
[92] 曾涌，罗建军，何文生，等．海漆属植物二萜类成分及其药理活性的研究进展 [J]. 中国药房，2015, 26(28): 4017-4020.
[93] 张弓，黄剑林．小无心菜化学成分的研究 (Ⅲ)[J]. 华西药学杂志，2018, 33(6): 468-471.
[94] 张洪冰，杨成梓．滨海前胡的质量考察 [J]. 福建中医药，2013, 44(5): 51-53.
[95] 张小坡，裴月湖，刘明生，等．海杧果叶中有机酸类成分研究 [J]. 中草药，2010, 41(11): 1763-1765.
[96] 张小坡，张俊清，裴月湖，等．黄槿化学成分的研究 [J]. 中草药，2012, 43(3): 440-443.
[97] 张旭，李彬，高博闻，等．茅莓化学成分及药理活性研究 [J]. 中医学报，2014, 29(9): 1332-1334.
[98] 张怡评，韩顺风，方华，等．互花米草化学成分研究 [J]. 中国海洋药物，2016, 35(1): 55-59.
[99] 赵龙岩，张松莲，袁清霞，等．仙人掌多糖主要组分成分分析及其对体外培养免疫细胞的影响 [J]. 时珍国医国药，2012, 23(7): 1653-1656.
[100] 中国科学院《中国植物志》编委会．中国植物志 [M]. 北京：科学出版社 ,1961-2002.
[101] 中国科学院植物研究所系统与进化植物学国家重点实验室．iPlant. cn 植物智——中国外来入侵物种信息系统 [EB/OL]. (2019-12-10) [2020-08-10]. http: //www. iplant. cn/ias/.

[102] 中国科学院植物研究所系统与进化植物学国家重点实验室．iPlant. cn 植物智——中国植物物种信息系统 [EB/OL]. (2019-05-29) [2020-5-30]. http: //www. iplant. cn.

[103] 中国药材公司．中国中药资源志要 [M]. 北京：科学出版社，1994.

[104] 钟添华，张磊，马新华，等．海刀豆化学成分的分离鉴定和活性评价 [J]. 中国海洋药物，2016, 35(3): 31-36.

[105] 周娇娇，毕志明，黄炎，等．鹅不食草的化学成分 [J]. 药学与临床研究，2013, 21(2): 133-134.

[106] 卓燊，乔雪，秦海洸．蔓性千斤拔免疫增强活性部位化学成分研究 [J]. 亚太传统医药，2015, 11(21): 26-27.

[107] 字学娟，杨石有，李茂．应用隶属函数法综合评价链荚豆种质抗旱性 [J]. 福建农业学报，2016, 31(8): 844-848.

[108] 祖先鹏，林璋，谢海胜，等．假马齿苋的化学成分和药理活性研究进展 [J]. 中草药，2017, 48(18): 3847-3863.

[109] 左军，尹柏坤，胡晓阳．桔梗化学成分及现代药理研究进展 [J]. 辽宁中医药大学学报，2019, 21(1): 113-116.

[110] Ana Cássia M. Araujo, Eduardo B. Almeida Jr., Cláudia Q. Rocha, etc. Antiparasitic activities of hydroethanolic extracts of *Ipomoea imperati* (Vahl) Griseb. (Convolvulaceae) [J]. PLoS ONE, 2019,14(1).

[111] HUA Y M, ZHANG X W, ZENG K W, etc. Chemical constituents from the aerial parts of *Waltheria indica* Linn. [J]. Journal of Chinese Pharmaceutical Sciences, 2019, 28(7): 468-475.

[112] Maria Regina M. Miyahara, Paulo M. Imamura, Jose C. De Freitas, etc. Anti-oxidative and anti-ulcerogenic activity of *Ipomoea imperati* [J]. Revista Brasileira de Farmacognosia, 2011, 21(6):978-985.

[113] ZHOU G S, YANG X J, JIANG Y, etc. Flavanoids and xanthonesisolated trom *Arenaria serpyllifolia* L. [J]. Journal of Chinese Pharmaceutical Sciences, 2013, 22(3): 286-288.

附录一

暂查无药用记载的沙生植物图录

1．阔片乌蕨　*Odontosoria biflora* C. Chr.

鳞始蕨科 Lindsaeaceae 乌蕨属 *Odontosoria*

2．平羽凤尾蕨 *Pteris kiuschiuensis* Hieron.

凤尾蕨科 Pteridaceae 凤尾蕨属 *Pteris*

3．毛鳞球柱草 *Bulbostylis puberula* (Poir.) C. B. Clarke

莎草科 Cyperaceae 球柱草属 *Bulbostylis*

4. 矮生薹草　*Carex pumila* Thunb.

莎草科 Cyperaceae 薹草属 *Carex*

5. 辐射穗砖子苗　*Cyperus radians* Nees et C. A. Mey. ex Nees

莎草科 Cyperaceae 莎草属 *Cyperus*

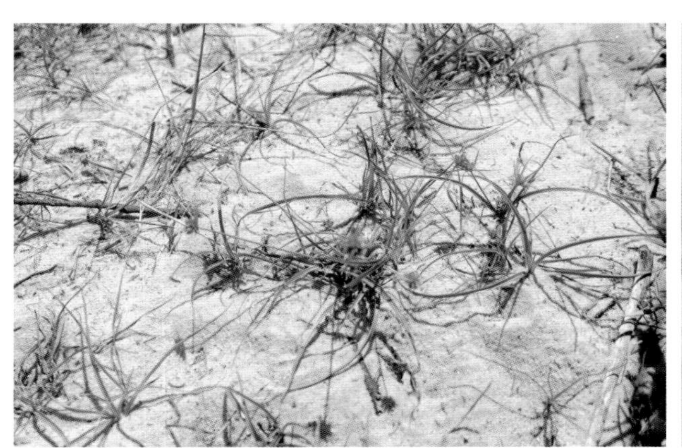

6. 绢毛飘拂草 *Fimbristylis sericea* (Poir.) R. Br.

莎草科 Cyperaceae 飘拂草属 *Fimbristylis*

7. 锈鳞飘拂草 *Fimbristylis sieboldii* Miq.

莎草科 Cyperaceae 飘拂草属 *Fimbristylis*

8. 短尖飘拂草　*Fimbristylis squarrosa* Vahl var. *esquarrosa* Makino

莎草科 Cyperaceae 飘拂草属 *Fimbristylis*

9. 多枝扁莎　*Pycreus polystachyos* (Rottboll) P. Beauvois

莎草科 Cyperaceae 飘拂草属 *Fimbristylis*

10. 蒺藜草 *Cenchrus echinatus* L.

禾本科 Poaceae 蒺藜草属 *Cenchrus*

11. 异马唐 *Digitaria bicornis* (Lam.) Roem. et Schult.

禾本科 Poaceae 马唐属 *Digitaria*

12．盐地鼠尾粟 *Sporobolus virginicus* (L.) Kunth

禾本科 Poaceae 鼠尾粟属 *Sporobolus*

13．鼠茅 *Vulpia myuros* (L.) Gmel.

禾本科 Poaceae 鼠茅属 *Vulpia*

14. 烟堇 *Fumaria officinalis* Linnaeus

罂粟科 Papaveraceae 烟堇属 *Fumaria*

15. 小鹿藿 *Rhynchosia minima* (L.) DC.

豆科 Fabaceae 鹿藿属 *Rhynchosia*

16. 细枝木麻黄 *Casuarina cunninghamiana* Miquel

木麻黄科 Casuarinaceae 木麻黄属 *Casuarina*

17. 匍根大戟 *Euphorbia serpens* H. B. K.

大戟科 Euphorbiaceae 大戟属 *Euphorbia*

18. 艾堇 *Sauropus bacciformis* (L.) Airy Shaw

大戟科 Euphorbiaceae 守宫木属 *Sauropus*

19. 细枝叶下珠 *Phyllanthus leptoclados* Benth.

叶下珠科 Phyllanthaceae 叶下珠属 *Phyllanthus*

20. 芹叶牻牛儿苗 *Erodium cicutarium* (L.) L’Herit. ex Ait.

牻牛儿苗科 Geraniaceae 牻牛儿苗属 *Erodium*

21. 裂叶月见草 *Oenothera laciniata* Hill.

柳叶菜科 Onagraceae 月见草属 *Oenothera*

22. 小花月见草 *Oenothera parviflora* L.

柳叶菜科 Onagraceae 月见草属 *Oenothera*

23. 海岸扁担杆 *Grewia piscatorum* Hance

锦葵科 Malvaceae 扁担杆属 *Grewia*

24. 泡果苘 *Herissantia crispa* (Linnaeus) Brizicky

锦葵科 Malvaceae 脬果苘属 *Herissantia*

25. 小叶黄花棯 *Sida alnifolia* L. var. *microphylla* (Cavan.) S. Y. Hu

锦葵科 Malvaceae 黄花棯属 *Sida*

26. 蓝花子 *Raphanus sativus* L. var. *raphanistroides* (Makino) Makino

十字花科 Brassicaceae 萝卜属 *Raphanus*

27. 无毛黄花草 *Arivela viscosa* L. var. *deglabrata* (Backer) M. L. Zhang & G. C. Tucker

白花菜科 Cleomaceae 鸟足菜属 *Arivela*

28. 刺花莲子草 *Alternanthera pungens* H. B. K.

苋科 Amaranthaceae 莲子草属 *Alternanthera*

29. 尖头叶藜 *Chenopodium acuminatum* Willd.

苋科 Amaranthaceae 藜属 *Chenopodium*

30. 银花苋 *Gomphrena celosioides* Mart.

苋科 Amaranthaceae 千日红属 *Gomphrena*

31. 种棱粟米草 *Mollugo verticillata* L.

粟米草科 Molluginaceae 粟米草属 *Mollugo*

32. 滨柃 *Eurya emarginata* (Thunb.) Makino

五列木科 Pentaphylacaceae 柃属 *Eurya*

33. 滨海珍珠菜 *Lysimachia mauritiana* Lam.

报春花科 Primulaceae 珍珠菜属 *Lysimachia*

34. 肉叶耳草 *Hedyotis strigulosa* (Bartling ex Candolle) Fosberg

茜草科 Rubiaceae 耳草属 *Hedyotis*

35. 糙叶丰花草 *Spermacoce hispida* Linnaeus

茜草科 Rubiaceae 纽扣草属 *Spermacoce*

36. 圆叶土丁桂 *Evolvulus alsinoides* (L.) L. var. *rotundifolius* Hayata ex van Ooststroom

旋花科 Convolvulaceae 土丁桂属 *Evolvulus*

37. 矮胡麻草 *Centranthera tranquebarica* (Spreng.) Merr.

列当科 Orobanchaceae 胡麻草属 *Centranthera*

38. 华南狗娃花 *Aster asagrayi* Makino

菊科 Asteraceae 紫菀属 *Aster*

39. 匐枝栓果菊　*Launaea sarmentosa* (Willd.) Merr. et Chun

菊科 Asteraceae 栓果菊属 *Launaea*

附录二

福建滨海沙生植物名录

鳞始蕨科

闭片乌蕨 /201

凤尾蕨科

平羽凤尾蕨 /202

鳞毛蕨科

全缘贯众 /16

松科

黑松 /17

露兜树科

露兜树 /18

鸢尾科

射干 /106

阿福花科

山菅 /108

石蒜科

石蒜 /109

天门冬科

马盖麻 /20
石刁柏 /22
异蕊草 /24
天门冬 /110

莎草科

球柱草 /25
具芒碎米莎草 /26
香附子 /111
短叶水蜈蚣 /112
红鳞扁莎 /113
毛鳞球柱草 /202
矮生薹草 /203
辐射穗砖子苗 /203
绢毛飘拂草 /204
锈鳞飘拂草 /204
短尖飘拂草 /205
多枝扁莎 /205

禾本科

铺地黍 /27
甜根子草 /28
互花米草 /29
老鼠艻 /30
芦竹 /114
龙爪茅 /115
牛筋草 /116
白茅 /117
棒头草 /119
蒺藜草 /206
异马唐 /206
盐地鼠尾粟 /207
鼠茅 /207

罂粟科

烟堇 /208

景天科

伽蓝菜 /31

蒺藜科

蒺藜 /32

豆科

台湾相思 /34
链荚豆 /35
海刀豆 /36
烟豆 /37
短绒野大豆 /38
少花米口袋 /40
硬毛木蓝 /41
长萼鸡眼草 /42
蔓草虫豆 /120
铺地蝙蝠草 /121
千斤拔 /123
乳豆 /125
天蓝苜蓿 /126
细齿草木犀 /127
丁癸草 /128
小鹿藿 /208

蔷薇科

密刺硕苞蔷薇 /43
委陵菜 /130
硕苞蔷薇 /131
茅莓 /133

鼠李科

铁包金 /134

药用植物中文名笔画索引

一画

二画

三画

四画

五画

六画

七画

八画

九画

十画

十一画

十二画

十三画

十四画及以上

药用植物拉丁学名索引

A

B

C

D

E

R

S

T

U

V

W

X

Z